高等学校计算机专业规划教材

软件系统分析与实现
（VC++版）

于万波 编著

U0131966

清华大学出版社

北京

内 容 简 介

本书通过实例介绍软件系统分析与设计的基本知识。全书共 5 章,前 3 章介绍 Visual C++ 程序设计与软件开发中的一些系统编程、网络编程以及数据库程序设计的小实例,然后使用 Visual C++ 作为开发工具设计完成了学生信息录入软件、贪吃蛇游戏软件。在第 4 章对一个人力资源信息管理系统进行分析和设计。第 5 章对一个高中数学试卷题库管理系统进行分析设计,并初步实现一些基本的功能。

本书可以作为软件工程、计算机科学与技术、信息管理与信息系统、信息与计算科学等专业的本科生教材。

图书在版编目(CIP)数据

软件系统分析与实现(VC++版)/于万波编著. —北京:清华大学出版社,2012.7
(高等学校计算机专业规划教材)
ISBN 978-7-302-28433-8

Ⅰ. ①软…　Ⅱ. ①于…　Ⅲ. ①软件工程-高等学校-教材 ②C 语言-程序设计-高等学校-教材　Ⅳ. ①TP311.5 ②TP312

中国版本图书馆 CIP 数据核字(2012)第 060506 号

责任编辑:龙启铭　战晓雷
封面设计:常雪影
责任校对:梁　毅
责任印制:沈　露

出版发行:清华大学出版社
　　　　网　　　址:http://www.tup.com.cn,http://www.wqbook.com
　　　　地　　　址:北京清华大学学研大厦 A 座　　　　邮　　编:100084
　　　　社 总 机:010-62770175　　　　邮　　购:010-62786544
　　　　投稿与读者服务:010-62776969,c-service@tup.tsinghua.edu.cn
　　　　质量反馈:010-62772015,zhiliang@tup.tsinghua.edu.cn
　　　　课件下载:http://www.tup.com.cn,010-62795954
印 刷 者:北京四季青印刷厂
装 订 者:三河市溧源装订厂
经　　销:全国新华书店
开　　本:185mm×260mm　　印　张:12.75　　　　字　　数:301 千字
版　　次:2012 年 7 月第 1 版　　　　　　　　　　印　　次:2012 年 7 月第 1 次印刷
印　　数:1～3000
定　　价:25.00 元

产品编号:041821-01

目前，在计算机学科的教学中，加强程序设计语言以及软件的使用训练是十分必要的，特别是对于想从事软件系统开发的同学来说，需要进行更加深入的学习。这样就非常有必要在教学过程中增加相应的内容，以填补程序设计语言的学习与软件系统开发之间的空缺。

本书没有讲述系统完整的软件系统分析设计技术，而是从实践的角度介绍了软件系统分析与设计的基本知识，同时增加了程序设计语言使用的内容。考虑到 Visual C++ 的很多优点，以及 Visual C++ 还具有很强的生命力，也考虑到目前多数高校开设 C 语言课使用 Visual C++ 作为编译软件，所以选择了 Visual C++ 作为工具，同时假设读者已经简单使用过 Visual C++。

本书不求面面俱到，把更多的空间留给读者去填补，其中归纳多于演绎，操作实例多于讲解。目前这种风格的书比较少，特别是作为高校教材的就更少了。对于各种层次的高校，针对多样化的课程设置以及培养目标，应该有多样化的教材，本书就是在这样的背景下编写的。

在本书中，把修改软件作为一种学习软件开发的方法，单独设置第 4 章作为修改软件的实例。第 5 章的高中数学习题试卷管理系统是一个非常好的想法，可以在其基础上继续修改完善项目，同时第 5 章也是一个软件系统从头开始构建的例子。

第 1 章简单介绍软件系统分析与设计的基本概念。第 2 章介绍一些实用的，但是经常被高校教学忽视的 Visual C++ 程序设计实例，通过这一章的学习，可以加深对 Visual C++ 以及软件操作机器的了解，也能够进一步提高使用 Visual C++ 的能力。

第 3 章的两个实例——学生信息管理系统与贪吃蛇程序都是学习者经过努力能够读懂并能够自行实现的项目，建议读者去实现、修改并完善这两个项目。

第 4 章介绍人力资源管理系统的分析和实现的完整过程。

于硕参加了本书第 3 章的编写，黄昱参加了第 2 章的编写，郑光果参加了第 4 章的编写，在此对这几位作者的付出表示感谢。

感谢清华大学出版社龙启铭编辑的理解、支持与指导，感谢为本书编辑出版辛苦工作的编辑及其他工作人员。

于万波

2012 年 6 月

第1章 软件系统分析与设计

本章讲解软件系统分析与设计的基本知识,包括软件系统的分类与特点、常用的软件开发工具和软件行业标准,以及系统需求分析和可行性分析等内容。

1.1 概述

随着计算机科学技术的发展,特别是软件技术的发展,诞生了软件工程这一学科。软件工程研究如何更好地开发与维护软件。IEEE 将软件工程定义为:软件工程是开发、运行、维护和修复软件的系统方法。

目前,软件工程学科包括软件系统分析与设计、UML 等建模语言、软件系统实现技术、软件项目管理、软件测试与维护等,在这些内容中,软件系统分析与设计是核心技术。

1.1.1 软件系统的分类与特点

目前,开发人员一般把软件分为系统软件、应用软件和编程软件等。这一分类方法把操作系统以及与操作系统联系紧密或者用于维护操作系统正常工作的各种驱动程序、杀毒软件等称为系统软件;把类似于 Office 的各种办公软件、学习软件、游戏软件和图像处理软件等实用软件称为应用软件;把用于开发各种软件系统的编程软件独立出来归为一类。

1. 系统软件

最著名的系统软件是微软公司的个人微机操作系统 Windows。操作系统软件是管理计算机硬件与软件资源的程序(软件),是每个计算机必须安装的软件。操作系统是计算机系统的内核与基石,是一个庞大的管理控制程序,大致包括 5 个方面的管理功能:进程与处理机管理、作业管理、存储管理、设备管理和文件管理。目前微机与小型机上常见的操作系统有 Windows、OS/2、UNIX、Linux 等。杀毒软件也属于系统软件之一。还有一类重要的系统软件就是各种驱动程序,如打印机驱动程序、视频摄像头驱动程序和扫描仪驱动程序等。

系统软件还有很多,实际上,有些教材或著作对系统软件做了如下描述:是指控制和协调计算机及外部设备,支持应用软件的开发和运行的系统;是无须用户干预的各种程序的集合,主要功能是调度、监控和维护计算机系统,负责管理计算机系统中各种独立的硬件,使得它们可以协调工作。另外,有些系统软件使得计算机使用者和其他软件将计算机当作一个整体而不需要顾及到底层每个硬件是如何工作的。

2. 应用软件

应用软件是为满足用户对不同领域、不同问题的应用需求而提供的软件，它可以拓宽计算机系统的应用领域，放大硬件的功能。Internet 上的应用软件有即时通信软件、网络购物软件、网络诊疗软件、网络通信软件、电子邮件客户端、FTP 客户端、下载工具等；多媒体软件有媒体播放器、图像编辑软件、音频编辑软件、视频编辑软件、计算机辅助设计、计算机游戏和桌面排版等；数学计算相关的软件有代数系统、统计软件、数值计算软件和计算机辅助工程设计软件等；商务软件有信息管理软件和会计软件等。

还有众多的用户自行开发的用于实现各种功能的软件也属于应用软件。

3. 编程软件

每一种语言都对应着一个或多个软件。目前，常用的计算机语言就有上百种，可见编程软件之多，任何计算机爱好者或程序员都不可能熟知所有软件，事实上也没有必要掌握所有软件，很多软件具有相同的功用与类似的特性。

1.1.2 常用的语言与工具介绍

一种计算机语言（也称为编程语言）是一种语言规范，程序员在进行程序设计时遵循该语言规范的约定，按照一定的规则书写以便实现一定的功能。每种语言都有一种或多种编程软件支持，即用一种语言编写的程序如果要实现其功能，必须要有某个安装在计算机上的软件对程序进行翻译或编译，直至运行。

目前常用的计算机语言也有很多种，应用在各个实际工作领域。相应的编程软件更多。据统计，目前使用频率排名在前 20 位的语言如下。

1. Java 语言

Java 是由 Sun Microsystems 公司于 1995 年 5 月推出的 Java 程序设计语言（以下简称 Java 语言）和 Java 平台的总称。目前 Java 2 版本分为 3 个体系：Java SE（Java 2 Platform Standard Edition，Java 标准版）、Java EE（Java 2 Platform Enterprise Edition，Java 企业版）和 Java ME（Java 2 Platform Micro Edition，Java 微型版）。Java SE 是目前许多高校教材讲授的内容；Java EE 广泛应用于各种大型应用软件开发（包括 Web 应用程序），JSP 也属于 Java EE 规范；Java ME 是一个较小的"核"，是为手机和小电器编程而设计的。

2. C 语言

C 语言的前身是 UNIX，C 语言是从该操作系统演化而来的。

C 语言具有丰富的数据类型。它不仅有基本类型，而且还有结构体类型和指针类型等，能实现各种复杂的数据结构。

也正是由于上述原因使得 C 语言高效、简捷，至今仍然活跃在计算机程序设计领域。

目前比较流行的 Java 语言事实上保留了 C 语言的很多关键字、语法结构等。

3. C++ 语言

C++ 语言是从 C 语言进化而来的,它是 C 语言的超集。C++ 语言在继承了 C 语言的全部特征和优点的同时,对 C 语言进行了扩充,主要是引进了"类"这一复合数据类型以支持面向对象的程序设计。C++ 语言对 C 语言完全向后兼容,符合程序设计人员逐步更新程序设计观念和方法的要求,因此已经成为最流行的程序语言设计之一。C++ 语言同时也是面向对象程序设计的经典语言。

所谓编辑是指把语言代码输入到计算机中,存储成为文件;所谓编译,就是"翻译",把语言翻译为计算机能够认识的形式。除了编辑和编译,另外还有连接、运行等术语。

一般的编辑软件都可以作为 C 语言与 C++ 语言的编辑器,例如,Windows 中的记事本就是很好的编辑器。C 语言与 C++ 语言的常用编译软件有 TC 与 Visual C++ 等,这两个软件既可以编辑和编译,也可以在其上运行 C 语言与 C++ 语言程序,还可以把程序做成可执行文件,以便脱离开编译软件独立运行。

4. PHP 语言

一种说法是,PHP 是 Personal Home Page 的简称;另外一种解释是,PHP 是超文本预处理语言 Hypertext Preprocessor 的缩写。PHP 是一种 HTML 内嵌式的语言,是一种在服务器端执行的嵌入 HTML 文档的脚本语言,语言的风格类似于 C 语言,在 Web 程序开发中被广泛使用。

相对于其他语言,PHP 编辑简单,实用性强,更适合初学者。PHP 坚持脚本语言为主,与 Java 和 C++ 不同。

PHP 是运行在服务器端的脚本,可以运行在 UNIX、Linux 或 Windows 等诸多操作系统下。PHP 消耗的系统资源比较少。在 PHP 的新版本中,面向对象特性都有了很大的改进,现在 PHP 也可以用来开发大型商业程序。

PHP 是免费的,提供开放的源代码,所有的 PHP 源代码事实上都可以得到。

5. Visual Basic 语言

BASIC 是一种语言规范,这种语言诞生于计算机初创时期,当时曾是主流的计算机语言。而 Visual Basic(简称 VB)也可以说是一个软件,是微软公司基于 BASIC 开发的一个可视化程序设计软件。使用该软件可以很容易地制作出具有 Windows 风格的界面的程序,其最大的特点是包含协助开发环境的事件驱动编程。

VB 是世界上使用人数众多的语言(或称软件),主要是 VB 不单拥有图形用户界面(GUI)和快速应用程序开发(RAD)系统,也不单是其使用简单易学,还在于 VB 可以轻易地使用 DAO、RDO 和 ADO 连接数据库,以及轻松地创建 ActiveX 控件。程序员可以轻松地使用 VB 提供的组件快速建立一个简单的小应用程序,有时使用很少的代码,甚至不使用代码。

VB 6.0 与 VB 新的版本之间有很大的差别,所以预计 VB 6.0 将会在一段时间内与这些新版本共存。因为有很多小的工作可以直接使用 VB 6.0 来设计完成，而没有必要动用更完善的强大的.NET 系列。

6. C♯语言

C♯（读作 C sharp）是一种新的语言规范，是微软公司发布的一种面向对象的、运行于.NET Framework 之上的高级程序设计语言，它是微软公司.NET Windows 网络框架的主角。

C♯是一种安全的、稳定的、简单的、优雅的，由 C 语言和C++ 语言衍生出来的面向对象的编程语言。它在继承了 C 和C++ 的强大功能的同时去掉了它们的一些复杂特性（例如，没有宏和模板，不允许多重继承等）。C♯综合了 VB 简单的可视化操作以及C++ 的高运行效率和其强大的操作能力。

在某些地方，C♯与 Java 极为相似。

因为 C♯晚于 Java 诞生，所以 C♯几乎集中了所有关于软件开发和软件工程研究的最新成果，如面向对象、类型安全、组件技术、自动内存管理、跨平台异常处理、版本控制和代码安全管理等。不过现实的情况是，非技术的因素往往更能决定一个产品的未来，Java 的用户主要是网络服务的开发者和嵌入式设备软件的开发者，而开发嵌入式设备软件不是 C♯的主要目的。

7. Python 语言

Python 是一种面向对象、直译式计算机程序设计语言，也是一种功能强大而完善的通用型语言。Python 具有十多年的发展历史，已经成熟稳定。该语言具有非常简捷而清晰的语法特点，适合完成各种高层任务，几乎可以在所有的操作系统中运行。目前，基于这种语言的相关技术正在飞速发展，用户数量急剧扩大，相关的资源也逐渐增多。

Python 与"脚本语言"相近，Python 的支持者较喜欢称它为一种高级动态编程语言，并建议人们从 Python 开始学习编程。对于那些从来没有学习过编程或者并非计算机专业的编程学习者而言，Python 是最好的选择之一。

Python 是一种十分精彩又强大的语言。它既具有高性能，也考虑到编写程序简单有趣的特色。随着微软公司将 Python 纳入.NET 平台，相信 Python 的将来会有更加强劲的发展，著名的搜索引擎 Google 也大量使用了 Python。在 Nokia 智能手机所采用的 Symbian 操作系统上，Python 成为继C++ 和 Java 之后的第三个编程语言。

8. Perl 语言

Perl 最初的设计者为拉里·沃尔（Larry Wall），他于 1987 年 12 月 18 日发表了该语言。Perl 吸收了 C、sed、awk 和 Shell Scripting 以及很多其他程序语言的特性。

Perl 一般被称为"实用报表提取语言"（Practical Extraction and Report Language），有时被称做"病态折中垃圾列表器"（Pathologically Eclectic Rubbish Lister）。Perl 的创造者 Larry Wall 提出的是第一个名称，但也没有否认第二个名称。

作为脚本语言，Perl 不需要编译器和链接器来运行代码，用户要做的只是写出程序并让 Perl 来运行而已。这意味着 Perl 作为小的编程问题的快速解决方案和为大型事件创建原型来测试潜在的解决方案是十分理想的。

Perl 被广泛地用于日常生活的方方面面,从宇航工程到分子生物学,从数学到语言学,从图形处理到文档处理,从数据库操作到网络管理等。

Perl 提供脚本语言(如 sed 和 awk)的所有功能,还具有它们所不具备的很多功能。Perl 还支持 sed 到 Perl 及 awk 到 Perl 的翻译器。

简而言之,Perl 像 C 语言一样强大,像 awk、sed 等脚本描述语言一样方便。

Perl 的解释程序是开放源码的免费软件,可以到 Perl 的官方网站 http://www.perl.org 下载。

9. Objective-C

20 世纪 80 年代初布莱德·确斯(Brad Cox)在其公司 Stepstone 发明了 Objective-C,对该语言最主要的描述是他于 1986 年出版的"Object Oriented Programming: An Evolutionary Approach"(Addison Wesley)。Objective-C 通常写作 ObjC、Objective C 或 Obj-C。

Objective-C 是一种扩充 C 语言的面向对象编程语言。它主要使用于 MacOS X 和 GNUstep 这两个 OpenStep 标准的系统,而在 NeXTSTEP 和 OpenStep 中它更是基本语言。Objective-C 可以在 gcc 运作的系统中编写代码并进行编译,因为 gcc 含有 Objective-C 的编译器。

Objective-C 流行的主要原因之一是它是一种可以为 iPhone 和 iPad 编程的语言。

Objective-C 不支持多重继承,其最初版本并不支持垃圾回收,不包括命名空间机制(namespace mechanism)。

10. Delphi

Delphi 是 Windows 平台下著名的快速应用程序开发工具(Rapid Application Development,RAD)。它的前身是 DOS 时代盛行一时的 Borland Turbo Pascal,最早的版本由美国 Borland 公司于 1995 年开发,主创者为 Anders Hejlsberg。经过数年的发展,此产品也转移至 Embarcadero 公司旗下。Delphi 是一个集成开发环境(IDE),使用的核心是由传统 Pascal 语言发展而来的 Object Pascal,以图形用户界面为开发环境,通过 IDE、VCL 工具与编译器,配合联结数据库的功能,构成一个以面向对象程序设计为中心的应用程序开发工具。

11. JavaScript

为了增加 HTML 语言的功能,使其具有交互性以及包含更多活跃的元素,人们开始在网页中嵌入其他语言。这些语言被称为脚本语言,如 JavaScript、VBScript、DOM(Document Object Model,文档对象模型)、Layers 和 CSS(Cascading Style Sheets,层叠样式表)等都是脚本语言。

JavaScript 就是适应动态网页制作的需要而诞生的一种新的编程语言,如今越来越广泛地使用于 Internet 网页制作上。JavaScript 是由 Netscape 公司开发的。

JavaScript 短小精悍，又是在客户机上执行，大大提高了网页的浏览速度和交互能力。同时它又是专门为制作 Web 网页而量身定做的一种简单的编程语言。

JavaScript 程序是纯文本的，且不需要编译，所以任何纯文本的编辑器都可以编辑 JavaScript 文件。在 Dreamweaver CS4 中不仅有很好的代码高亮，还有较全的代码提示和错误提示，相比其他编辑器来说是比较好的选择。

Visual Studio 2008 也支持 JavaScript 调试。

12. Ruby

Ruby 的作者是日本人松本行弘，他提供了免费的编译软件。

减少编程时候的不必要的琐碎时间，令编写程序的人高兴，是设计 Ruby 语言的一个首要的考虑；其次是良好的界面设计，作者强调系统设计必须人性化，而不是一味从机器的角度着想。

人们特别是计算机工程师们常常从机器着想，这样机器就能运行得更快，机器运行效率更高，等等。实际上，有时需要从人的角度考虑问题，人们怎样更方便编写程序或者怎样在机器上更容易应用程序。

遵循上述的理念，Ruby 语言通常非常直观，按照编程人员认为它应该的方式编码运行。

13. PL/SQL

PL/SQL 是一种数据库操作程序语言，称为过程化 SQL 语言（Procedural Language/ SQL）。PL/SQL 是 Oracle 公司对标准 SQL 语言的过程化扩展。它将 SQL 语言（4GL）的强大灵活性与 3GL 的过程性结构融为一体。正如其名字所示，PL/SQL 通过增加了用在其他过程性语言中的结构来对 SQL 进行扩展。在普通 SQL 语句的使用上增加了编程语言的特点，所以 PL/SQL 就是把数据操作和查询语句组织在 PL/SQL 代码的过程性单元中，通过逻辑判断、循环等操作实现复杂的功能或计算的程序语言。由于该语言集成于数据库服务器中，所以 PL/SQL 代码可以对数据进行快速高效的处理。

14. SAS

SAS(Statistical Analysis System)是由美国北卡罗来纳州州立大学于 1966 年开发的统计分析软件。1976 年 SAS 软件研究所（SAS Institute Inc.）成立，开始进行 SAS 系统的维护、开发、销售和培训工作，至今已经发布了许多版本。经过多年来的完善和发展，SAS 系统在国际上已被誉为统计分析的标准软件，在相关的各个领域得到广泛应用。

SAS 是一个模块化、集成化的大型应用软件系统。它由数十个专用模块构成，功能包括数据访问、数据储存及管理、应用开发、图形处理、数据分析、报告编制、运筹学方法、计量经济学计算与预测等。SAS 系统基本上可以分为 4 大部分：SAS 数据库部分、SAS 分析核心、SAS 开发仿真工具、SAS 对分布处理模式的支持及其数据仓库设计。SAS 系统主要完成以数据为中心的 4 大任务：数据访问、数据管理（SAS 的数据管理功能并不很出色，而是数据分析能力强大，所以经常用微软公司的产品管理数据，再导出为 SAS 数据格式）、数据呈现与数据分析。

15．Pascal

Pascal 是一种计算机通用的高级程序设计语言。Pascal 的命名是为了纪念 17 世纪法国著名哲学家和数学家 Blaise Pascal。它由瑞士 Niklaus Wirth 教授于 20 世纪 60 年代末设计并创立。Pascal 语言语法严谨，层次分明，程序易写，具有很强的可读性，是第一个结构化的编程语言。

严格的结构化形式、丰富完备的数据类型、运行效率高、查错能力强是该语言的 4 大特点。

Delphi 中的语言就来自改进后的 Pascal 语言。

16．LISP

LISP（全名 List Processor，即链表处理语言）是由约翰·麦卡锡在 1960 年左右创造的一种基于 λ 演算的函数式编程语言。LISP 拥有理论上最高的运算能力。

LISP 在 CAD 绘图软件上的应用非常广泛，普通用户均可以用 LISP 编写出各种定制的绘图命令。

LISP 虽然从未成为主流编程语言，但是这种语言具有独特的编程模式。对 Smalltalk 来说，引发类似感觉的是对象，Smalltalk 中的一切内容都是在处理对象和消息传递。对于 LISP 来说，这门语言完全由列表组成。

LISP 语言也应用于人工智能以及专家系统的程序设计。

17．Lua

Lua 是一个小巧的脚本语言。该语言的设计目的是为了嵌入到应用程序中，从而为应用程序提供灵活的扩展和定制功能。

Lua 最著名的应用是在暴雪公司的网络游戏 WOW 中。

Lua 脚本可以很容易地被 C/C++ 代码调用，也可以反过来调用 C/C++ 的函数，这使得 Lua 在应用程序中可以被广泛应用。Lua 不仅作为扩展脚本，也可作为普通的配置文件，代替 xml、ini 等文件格式，并且更容易理解和维护。

Lua 由标准 C 语言编写而成，代码简洁优美，几乎在所有操作系统和平台上都可以运行。

在目前所有的脚本引擎中，Lua 的速度是最快的。这一切都决定了 Lua 作为嵌入式脚本是最佳选择。

Lua 有一个同时进行的 JIT 项目，提供在特定平台上的即时编译功能，这给 Lua 带来更加优秀的性能。

和 Python 等脚本不同，Lua 并没有提供强大的库，这是由它的定位决定的。所以 Lua 不适合作为开发独立应用程序的语言。不过 Lua 还是具备了数学运算和字符串处理等基本的功能。

18. MATLAB

MATLAB 是矩阵实验室（Matrix Laboratory）的简称，是美国 MathWorks 公司出品的商业数学软件，用于算法开发、数据可视化、数据分析以及数值计算的高级技术计算语言和交互式环境，MATLAB 和 Mathematica、Maple 并称为 3 大数学软件。在数学类科技应用软件中，MATLAB 在数值计算方面占有绝对的优势。

MATLAB 可以进行矩阵运算、绘制函数和数据、实现算法、创建用户界面、连接其他编程语言的程序等，主要应用于工程计算、控制设计、信号处理与通信、图像处理、信号检测和金融建模设计与分析等领域。

19. ABAP

ABAP 是一种高级企业应用编程语言（Advanced Business Application Programming），起源于 20 世纪 80 年代。

ABAP/4 是面向对象的。它支持封装性和继承性。封装性是面向对象的基础，而继承性则是建立在封装性基础上的重要特性。ABAP/4 有以下主要特性。

（1）ABAP/4 具有事件驱动的特性。

（2）ABAP/4 和 COBOL 具有类似之处。

（3）ABAP/4 适合生成报表。

（4）ABAP/4 支持对数据库的操作。

SAP 最初开发 ABAP/4（高级商业应用程序设计）语言仅供内部使用，为应用程序员提供优化的工作环境。随着其不断地改进和修改，已满足商业领域的需要。现在，ABAP/4 已成为 SAP 开发所有自己的应用程序的唯一工具。

20. PowerShell

PowerShell 是微软公司发布的。它的出现标志着微软公司向服务器领域迈出了重要的一步，拉近了与 UNIX、Linux 等操作系统的距离。PowerShell 的前身命名为 Monad，在 2006 年 4 月 25 日正式发布 Beta 版时更名为 PowerShell。Windows PowerShell 的诞生是要提供功能相当于 UNIX 系统 Bash 的命令 Shell 方式，同时也内建了脚本语言以及辅助脚本形式的工具。

上面介绍了排名在前 20 位的语言，这 20 种语言适用领域广泛，其中有适合各种领域的语言软件。当然占有比例大的还是一般性的程序设计语言，如 Java、C、C++ 等。

1.1.3　软件行业工具以及标准化知识

鉴于软件系统分析与设计的重要性，有些研究人员与机构专门开发了用于系统分析与设计的语言规范及支持软件，其中统一建模语言是重要而常用的一种。

1. 统一建模语言

统一建模语言(Unified Modeling Language,UML)UML 用图形符号来表达面向对象设计方案,对一个软件系统的制品进行可视化描述、详细描述构造以及文档化。这种语言主要是用于面向对象的软件开发的模型设计,用规定好的符号、图标和图表等描述软件系统的各种结构与流程。使用 UML 设计好模型,可以更方便系统分析人员以及程序员之间沟通协作,以便更好地开发软件系统。

2. CASE

CASE 翻译为计算机辅助系统工程(其全称为 Computer-Aided System Engineering),也有的教材翻译为计算机辅助软件工程(Computer-Aided Software Engineering)。总地来说,CASE 的目的是通过一些设计好的软件工具等帮助系统分析员开发和维护系统。

很多厂家提供的 CASE 都可以创建企业概图和建立企业模型,根据模型产生程序代码等。下面两个软件就是常用的 CASE 工具:

(1) PowerDesigner

PowerDesigner 是 Sybase 公司的 CASE 工具集,使用它可以方便地对管理信息系统进行分析设计,它几乎包括了数据库模型设计的全过程。利用 PowerDesigner 可以制作数据流程图、概念数据模型和物理数据模型,可以生成多种客户端开发工具的应用程序。

(2) Visio

Visio 是微软公司开发的图表工具,很多开发人员使用该软件绘制各种不同类型的图表,如框图、网络图和组织结构图等。

除了掌握一些用于系统分析设计的专用语言与工具外,了解一些软件项目国际标准也是必要的。下面简单介绍国际标准 IEEE 1058.1。

3. 软件项目管理国际标准

IEEE 1058.1 软件项目管理计划标准包括如下部分。

(1) 引言描述了要开发的项目和产品的概况,如项目目标、要交付的产品、所需资源、主要进度以及产品预算等,也包括项目参考资料、术语定义以及缩写词等。

(2) 项目组织部分从开发者的角度说明产品的开发过程,包括过程模型、组织结构、组织的边界与界面、项目责任等。

(3) 管理过程分为管理的目标和优先级、依赖和约束、风险管理、监督和控制机制和人员计划等。

(4) 技术过程包括方法工具和技术、软件文档和项目详细计划等。

(5) 工作划分和预算。

目前大多数工程的软件系统的项目说明书都是遵循上述标准制定的。

除了 IEEE 标准外,还有各种 ISO 9000 质量标准等。

1.2 软件系统分析与设计

软件系统的开发生命周期包括系统分析、系统设计、系统实施、系统运行与维护等几个阶段。

1.2.1 系统分析

一般认为系统分析包括系统需求分析和可行性分析（有些教材认为系统分析包括需求建模、企业建模与开发策略等）。

系统需求来自客户，可行性分析是对需求进行核查改造与筛选。在系统分析阶段，要经常与客户交流，最后给出一个合理的较全面的开发方案。

可行性分析包括操作可行性、技术可行性、经济可行性和进度可行性等。

在进行可行性分析的同时，系统分析的一个重要任务是进行需求分析，使用面谈、调查、查阅文档、观察分析等技术手段，给出合理的系统需求文档。该文档描述经过优化后的用户需求、开发成本、开发策略和效益等。

系统分析的一项重要工作是对该系统要实现的功能进行描述。系统的功能主要来自使用者的需求，因为考虑到实现的难易等，所以要经过系统分析人员的合理处理。

经过系统分析，给出完成该系统的难点、重点以及要解决的关键性问题。

下面以玛利亚医院信息管理系统为例进行分析。

玛利亚医院是一个综合性的小医院，主要办公场所在一个二层楼房内，其分布图如图 1-1 所示。

| 五官科 | 内科一 | 内科二 | 院长 | 办公室 | 超声波 | 中医科 | 住院部 |
| X光室 | 外科 | 挂号 | 划价 | 药房 | 急诊室 | 处置室 | 妇产科 |

图 1-1 医院办公场所分布图

目前，几乎所有的大医院都已经使用网络信息管理系统，那么对于玛利亚医院来说，使用网络信息管理系统是否是必要的？

经过与院长、办公室人员、挂号、划价收款、药房、住院部、各科医生等进行交谈，最后认为开发一个信息系统能够提高工作效率，提高工作的准确度，有效地进行监督管理。

最后确定的需求如下。

（1）图 1-1 中的每个房间都使用该软件进行网上工作，一个房间可以有一台或几台计算机，一台计算机可以有几个用户（如挂号等）。

（2）一套软件运行在各个计算机上，有的计算机可以删除软件的部分功能，或者让某些功能不可用。

（3）挂号后，患者的信息就被储存到数据库中，这是最重要的信息，几乎每个网络站点上都要使用该信息。

（4）划价收款在一起进行，划价还负责对一些需要医生临时给定的医疗费等进行手工输入。实际上,手工输入的工作也可以由医生完成。具体是医生在计算机上直接输入,还是凭借处方到划价处输入,需要进一步研究。

(5) 划价收款后,就把该患者买的药及器材等输入到数据库中,药房根据患者号可以到数据库中取出相关数据,然后核对,付药。

(6) 住院部的工作比较多,也比较复杂,好在该医院住院人数比较少,业务不是很多。

目前,几乎所有的大型医院都已经使用管理信息系统,医院管理系统已经是一个很成熟的技术,所以开发该医院的信息系统在技术上是完全可行的。

硬件设备主要有两部分:计算机,按照 50 台计算,每台按 3800 元计算,共计 19 万元;网络设备,包括专用服务器等按照 5 万元计算,共计 24 万元。

软件开发费用:按照 4 人工作 5 个月计算,每人每月 6000 元,共计 12 万元。后期 5 年维护费用按照 5 万元计算。

该项目大约共需要经费 40 多万元。该系统运行 5 年,平均每年 8 万元,该医院是可以承担的。

如果是改造原有的系统,例如,承担该项目的公司原先开发过医院管理系统,那么会节省很多软件开发费用。2 个人工作 3 个月就可以完成,这样会节省超过三分之二的软件开发费用。

安装该系统对于医院来说可以提高医院的管理水平;可以使患者看到医院正规、有实力,提高了医院的可信度,这些都会给医院带来效益。另外,随着网络技术的发展,好多医院在尝试开展网上预约、网上会诊等业务,这样可能给医院创造新的效益。

最后经过研究,该医院决定开发该系统。

软件系统分析与设计在整个软件系统的开发过程中占据着重要的地位。系统分析与设计的方法一般分为结构化分析方法与面向对象分析方法。结构化分析是一种传统的系统分析技术,该方法使用一组过程模型图描述一个系统,包括建立过程模型、给出数据组织与结构、关系数据库设计和界面设计等。面向对象分析是把有关的数据与过程结合起来,设计出一系列的类对象,以便模拟建立真实世界中的交互过程与联系模型。

下面用结构化分析方法对这个医院管理系统进行设计。

1.2.2 系统设计

系统设计包括数据设计、用户界面以及输入输出设计、系统结构框架设计、各个模块之间的连接控制关系等。在系统设计阶段,应该给出系统所需硬件设备、开发系统所要使用的工具软件以及系统开发后所需的运行环境等。系统设计完成后,要给出系统设计说明文档。该文档要说明各个部分如何进行程序编写,如何互相进行衔接。

以上一节介绍的医院管理信息系统为例,在对系统进行分析以后,即可进行系统设计。

1. 数据设计

首先对系统的数据进行分析,事实上,系统的根本任务就是输入数据、输入指令、处理数据、输出数据。系统的一切功能都在数据的流动操作中体现。

该系统有两种最主要的数据，一是患者数据，二是药品数据；当然，除了患者数据与药品数据外，还有医生信息、各种医疗检查的信息等，具体说，应该含有下面一些数据表。

（1）挂号表：应该含有字段挂号号码、挂号类别（医疗保险类别等）、姓名、主治医师（可以暂时设置为空）、科室、挂号时间等。

（2）处理方案表：含有处方号、医师号、开出时间、处理方案内容、患者姓名（或者患者编号、挂号等）。

（3）门诊病人数据表：含有姓名、年龄、性别、就诊时间、就诊经历（同一个病在哪个医院、大约什么时间就诊过）、交费金额等。

（4）医师表：含有医师号、科室、学历、职称、特长专长、重要经历等。

（5）检查项目信息表：含有项目名、收费等字段。

（6）药品表：含有药品编号、品名、规格、单位、数量、单价、金额、生产日期、保质期等。

（7）住院病人数据表：含有住院号、病人姓名、床位号、入院科室、入院时间、入院时状况、主治医师、出院（科）时间等。

（8）住院病人信息表：含有编号、姓名、性别、出生日期、出生地点、年龄、婚姻状况、职业、民族、身份证号、国籍、工作单位、家庭住址、户籍地址、电话、入院时间、联系人姓名、联系人地址、与联系人关系、联系人电话等。

除了这些表之外，还应该有药品入库以及药品管理方面的表，还需要用户表与管理员表等。当然，也可以把用户与管理员放在一个表中，注名类别就可以，不过这样做安全性会差一些。

上述这些数据表是实际的数据库中的表，经过调整、抽取、组合，可以打印生成实际表格。当然，这些表只是初步的设计，完全可能根据项目实际开发的需要，对上述数据表的实际结构进行调整。

这些表之间有很多是存在相同字段的，对于相同字段，应该建立起连接关系，以便提取相同记录的数据或者进行同时更新等操作。

2．用户界面与输入输出设计

系统运行后，首先会出现登录窗口，这个功能是必须有的。不同的用户登录后会得到不同的权限。输入用户名与密码后，系统会把输入的信息与数据表中的信息对照，如果正确则让用户登录进系统，根据用户类型标识字段提供相应的权限，有两种实现形式：一个是可以把不可用的菜单项变为浅灰色，不能使用；一个是根本就不显示不能操作的菜单项。

管理员是专门负责管理用户的，所以管理员的界面提供用户录入、用户删除、用户信息更改等功能，但是，管理员只能输入用户的第一个（初始）密码，也不能显示用户密码，这样责任权利比较清晰。也就是用户更改密码后，管理员不会再知道用户密码信息。

院长的权限是监督管理，所以提供的界面有各种统计功能，异常处理功能，进一步可以提供监视和监听功能等。

药房的不同工作人员有各自的界面，药房负责人、药品录入员、药品付货窗口等因为功能不同,所以界面有很大差别。

当划价交款完成后,在付货窗口扫描患者本上的条码,就可以显示出该患者要提取的药品等信息。这是一项非常重要的功能。

医生界面上主要有患者信息、填写患者病况、开处方、检查结果、最后诊断等菜单或者工具按钮选项。检查结果可以来自检查科室,由检查科室写到数据库表中,然后显示在医生的计算机上,以备医生诊断用。

挂号处提供简单的界面,条码可以输入,也可以扫描;输入患者姓名,选择所挂科室(也可以选择医生)就可以了。挂号日期、序号等由计算机直接生成。

检查科室的界面主要是当扫描患者医疗手册上的条码号后,只要已经交检查费,就会自动显示出检查项目、主要病症以及需要填写的检查结果等。

由于医院较小,住院患者不多,所以住院部不是很复杂。住院部入院登记、出院结算等只有一台计算机,两个工作人员轮流操作。住院部的医生也是门诊医生轮流值班。所以表面上住院部很复杂,实际上需要的计算机并不多。除了住院和出院等,还有一台日常工作用的计算机,用来记载住院病人的一些信息,如每天检查信息、医生诊断信息、护士相关信息、处方信息等。

该系统需要打印的表格有:处方、患者交费收据、各种统计表等。

3. 系统结构设计

经过研究,决定该系统的数据库使用微软的 SQL Server,数据库放在专用服务器上,在每台计算机上安装软件,都可以通过 SQL Server 操作该数据库。

因为不是基于 Web 的程序,所以选择了 Visual C++ 软件开发。使用 Visual C++ 开发医院管理系统,可以参考的资料(包括代码程序)也比较多。

该程序在局域网内运行,是通过 IP 地址寻找数据库服务器的。使用 Visual C++ 程序进行设计时,需要编写的代码不多。

概括地说,该系统既不是 B/S 模式,也不是 C/S 模式,而是借助于 Windows 操作系统以及 SQL Server 实现局域网数据库访问。Windows 版本要求在 2000 或 XP 以上,SQL Server 使用 2000 版本,Visual C++ 使用 6.5 版本。

经过分析,决定尽可能使用多个类来完成这一工作。因为使用类对象能够更加直观,便于离散和整合,合作起来更加容易。

例如,设计数据库连接操作类、显示信息类、打印表格类、各个工作界面上弹出的对话框类等。

设计方案还需要进一步细化,绘制出各种有利于程序设计的图表,然后就可以进行具体的代码编写了,也就是进入系统实施阶段。

1.2.3 系统实施

在系统实施阶段,主要是编写程序、调试测试、建立文档以及系统打包等。经过系统实施阶段,该系统就可以试运行了。

　　在系统实施阶段把该系统分给三个人（组）完成，第一个人（组）负责设备安装连接、系统框架、数据库连接与操作、界面制作、各个部分的协调、系统调试组装等工作；第二个人（组）负责数据库表的构造、表格输出打印、各科医生、检查科室、住院部相关程序设计；第三个人（组）负责挂号、划价、药房、药品录入、用户登录等其他程序的设计。三个人（组）之间协商确定好数据关键字、对话框以及各个控件名称、类与函数名称等，完成程序设计任务。

　　事实上，系统运行与维护也是一项非常重要的任务，在这一过程中对系统中存在的问题与错误进行修正。

　　本节以一个医院管理信息系统为例进行了分析与设计。实际上，还有好多类型的系统，如系统软件（杀毒防火墙软件等）、动画游戏软件和网站系统软件等，都需要研究其分析与设计的一般规律，从而扩大知识积累，加深大局观念，提高系统分析与设计能力。

第 2 章　Visual C++ 程序设计

程序设计是软件系统开发的基础。本章介绍 Visual C++ 程序设计的一些实例,包括磁盘及文件操作、线程及程序控制、读写系统时间、获取 IP 地址、搜索局域网内的计算机、客户服务器程序设计、聊天程序设计、单文档中显示数据库记录、数据库控件 ADO 的使用等内容。这些都是与软件系统开发关系密切、使用频率较高的内容。通过本章的学习,一方面了解和掌握 Visual C++ 程序设计的知识,一方面培养初步进行实际项目开发的技能。

2.1　系统编程实例

系统编程一般指针对操作系统、机器程序接口等进行编程,Visual C++ 进行系统编程主要是两种模式,一种是调用 Windows 的 API 函数,另一种是基于 MFC 类库,两种模式可以实现同样的功能。前者更加低层,后者比较方便。本节主要采用基于 MFC 类库进行系统编程,提供了几个系统编程的小实例,如磁盘文件操作、线程与程序控制、读写系统时间等。

2.1.1　硬盘及文件操作

可以使用操作系统提供的功能检查磁盘空间,不过,很多时候需要在程序运行时利用程序检查磁盘空间。例如,在安装程序时需要检查磁盘空间,但是如果手工利用操作系统检查磁盘空间,无法与运行的程序连接,不能把磁盘空间的信息传到程序中。所以,在安装一个软件时,首先要运行其自己的子程序检查磁盘是否有足够大的安装空间,有的安装程序还显示"正在检查可用的磁盘空间"等提示信息。

【例 2-1】 使用 Visual C++ 编写程序,获取磁盘剩余空间大小。

选择菜单命令 File(文件)→ New(新建),弹出新建项目窗口,在该窗口中选择 Projects 选项卡,然后选择 MFC AppWizard [exe],填写项目名称,本例填写项目名为 a,然后单击 OK 按钮,在接下来的对话中选择基于对话框(Dialog based)选项,单击 Finish 按钮后,其余对话框提示均选择默认,进入对话框编辑界面,如图 2-1 所示。

单击"TODO:在这里设置对话控制",然后删除该语句。

在对话框上安装两个静态文本框,在静态文本框上右击,把两个静态文本框分别命名为 IDC_T 与 IDC_F,如图 2-2 所示。

在对话框的编辑界面上双击"确定"按钮,弹出添加成员函数的对话框,如图 2-3 所示,单击 OK 按钮,成员函数添加成功,进入代码编辑窗口,如图 2-4 所示。

图 2-1　对话框编辑界面

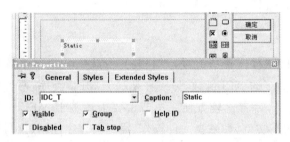

图 2-2　安装两个静态文本框并给 ID 命名

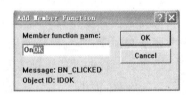

图 2-3　添加成员函数对话框

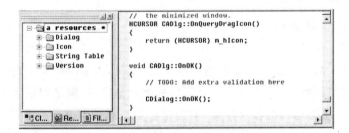

图 2-4　代码编辑窗口函数 OnOK 部分

　　首先,删除系统自动给出的语句 CDialog::OnOK();,该语句的功能是退出系统,此处不需要。把下面的语句段加入到函数 void CADlg::OnOK()中:

```
ULARGE_INTEGER FreeAv,TotalB,FreeB;
if(GetDiskFreeSpaceEx("C:",&FreeAv,&TotalB,&FreeB))
{
    CString s1,s2;
    s1.Format("%u字节",TotalB.QuadPart);
    s2.Format("%u字节",FreeB.QuadPart);
    CStatic * p1=(CStatic * )GetDlgItem(IDC_T);
    CStatic * p2=(CStatic * )GetDlgItem(IDC_F);
    p1->SetWindowText(s1);
```

```
        p2->SetWindowText(s2);
    }
```

编译并运行，弹出对话框后，单击"确定"按钮，显示出 C 盘总的大小以及剩余空间大小，如图 2-5 所示，单击"取消"按钮退出。

在例 2-1 程序中，关键词 ULARGE_INTEGER 是 Visual C++ 中的数据类型，编程时由于不知道磁盘空间的大小，所以使用这种范围较大的数据类型。

函数 GetDiskFreeSpaceEx("C:", &FreeAv, &TotalB, &FreeB) 是计算并返回磁盘空间信息的函数，第一个参数用来存储使用者可用的

图 2-5　单击"确定"按钮后显示出结果

磁盘空间，第二个参数用来存储磁盘总空间，第三个参数用来存储剩余空间。参数 FreeAv 等是自定义变量，一般情况下，第一个参数与第三个参数的值不相等，前者要小于后者。把程序语句 s2.Format("%u 字节", FreeB.QuadPart) 修改为 s2.Format("%u 字节", FreeAv.QuadPart)，则返回的就是调用者可以使用的磁盘空间大小。

语句 s1.Format("%u 字节", TotalB.QuadPart); 是字符串变量调用自己的 Format 函数，实现字符串的连接，即把"字节"二字放在数值的后面。

语句 CStatic * p1 = (CStatic *)GetDlgItem(IDC_T) 定义并指针 p1 并赋值，使其指向对话框中的成员 IDC_T。

语句 p1->SetWindowText(s1) 是使用指针变量（此处代表 IDC_T）调用其 SetWindowText 函数，为其设置文本内容，即显示磁盘空间大小信息。

例 2-1 程序是一个可以完成最基本功能的小程序，还有很多地方需要改进。例如，在显示磁盘大小的两个静态文本前加上提示信息，如下所示：

```
s1.Format("C 盘的总容量%u 字节",TotalB.QuadPart);
s2.Format("C 盘的剩余空间%u 字节",FreeB.QuadPart);
```

再如调整各个控件的布局等。

【例 2-2】　获取逻辑磁盘分区序列号。

磁盘序列号是磁盘的一个重要标识，获取该序列号，可以在一些应用程序中使用。下面在例 2-1 的基础上添加获取逻辑盘驱动器号的功能。

首先打开例 2-1 项目，在对话框编辑窗口添加一个按钮 Button1，然后双击该按钮，弹出成员函数添加对话框，如图 2-6 所示，单击 OK 按钮，进入代码编辑界面。

在函数 void CADlg::OnButton1() 中添加代码：

```
void CADlg::OnButton1()
{
    LPCTSTR t1="D:";
    LPTSTR t2=new char[12];
    DWORD t3=12;
    DWORD t4;
```

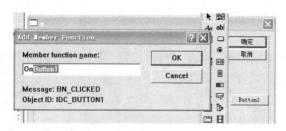

图 2-6　添加成员函数对话框

```
DWORD t5;
DWORD t6;
LPTSTR t7=new char[10];
DWORD t8=10;
GetVolumeInformation(t1,t2,t3,&t4,&t5,&t6,t7,t8);
CString str;
str.Format("驱动器%s的序列号为%x",t1,t4);
AfxMessageBox(str);
}
```

编译并运行，单击 Button 按钮，弹出对话框，显示出 D 盘的驱动器序列号，如图 2-7 所示。

图 2-7　单击 Button1 按钮后显示出磁盘序列号

该程序主要使用了函数 GetVolumeInformation，该函数返回当硬盘被格式化时由操作系统指定的卷序列号。该函数有 8 个参数，分别是：

（1）lpRootPathName：要查找的驱动器根路径名，本例为"D："；

（2）lpVolumeNameBuffer：字符串，用于装载卷名卷标等；

（3）nVolumeNameSize：长整型，lpVolumeNameBuffer 字符串的长度；

（4）lpVolumeSerialNumber：长整型，用于装载磁盘驱动器序列号；

（5）lpMaximumComponentLength As Long：文件名某部分的长度；

（6）lpFileSystemFlags As Long：二进制位标识变量；

（7）ByVal lpFileSystemNameBuffer：用于装载文件系统名称（如 FAT、NTFS 等）；

（8）ByVal nFileSystemNameSize：lpFileSystemNameBuffer 字符串的长度。

在程序中，关键字 LPCTSTR 就表示一个指向常固定地址的，可以根据一些宏定义改变语义的字符串。在该关键字中，L 表示类型 long，P 表示这是一个指针，C 表示是一个常量，T 表示在 Win32 环境中有一个_T 宏，STR 表示这个变量是一个字符串。

事实上，LPTSTR 与 char * 等价，表示指向字符或字符串的指针。

DWORD 是 4 个字节（双字）的数据类型。

函数 AfxMessageBox(str)用来以对话框的形式显示 str 中的信息。

【例 2-3】 建立一个文本文件并往文件中写入内容。

本例要建立一个单文档项目，在其"文件"→"新建"菜单中加入一个子菜单项"文本文件"，如图 2-8 所示。项目运行后，单击"文本文件"命令，就会在硬盘中（本例为 E 盘根目录）建立一个文本文件，并向该文件中写入内容。

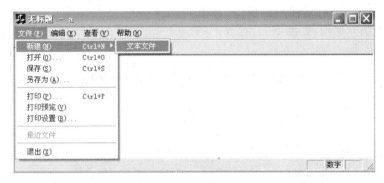

图 2-8　项目运行后单击"文本文件"建立文件并写入内容

下面开始该项目的设计与实现工作。

首先选择 File→New 命令，弹出新建项目对话窗口，在该对话窗口中选择 Projects 选项卡，然后选择 MFC AppWizard［exe］，填写项目名称，本例填写项目名为 a，然后单击 OK 按钮，在接下来的对话中选择单文档（Single Document）选项，单击 Finish 按钮后，其余对话框提示均选择默认，进入单文档项目制作界面。

单击 ResourceView 选项，打开 Menu 文件夹，双击 IDR_MAINFRAME，出现菜单编辑界面，双击"新建"按钮，在弹出的编辑对话框中选中 Pop-up 选项，如图 2-9 所示。

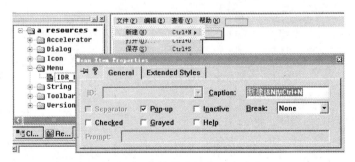

图 2-9　在"新建"菜单的编辑窗口中选中 Pop-up

双击"新建"菜单的（空白）子菜单，在弹出的对话框中填写菜单的 ID 为 WenbenF，Caption 为"文本文件"，如图 2-10 所示。

在图 2-10 所示的子菜单项"文本文件"上右击，选择弹出菜单的 ClassWizard 选项，弹

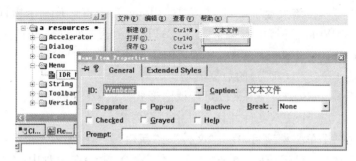

图 2-10 为新的子菜单项命名 ID 与 Caption

出 MFC ClassWizard 类向导对话框，在其中的 Messages 栏中双击 COMMAND 选项，弹出添加成员函数对话框，如图 2-11 所示。

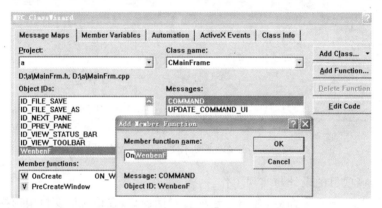

图 2-11 为新的子菜单添加成员函数

单击 OK 按钮，完成"单击菜单"函数的添加，此时，在项目的代码中自动添加了函数名等。确认后，单击 WorkSpace 中的 FileView 选项卡，在 MainFrm.cpp 文件中，找到函数 void CMainFrame::OnWenbenF()，如图 2-12 所示。

图 2-12 自动添加的函数 OnWenbenF()

在函数 void CMainFrame::OnWenbenF()中添加下列代码：

```
void CMainFrame::OnWenbenF()
{
    //TODO: Add your command handler code here
```

```
CString f,str;
UpdateData();
CStdioFile F;
f="E:bbb.txt";
if(F.Open(f,CFile::modeCreate|CFile::modeWrite|CFile::typeText)==0)
{
    str="创建"+f+"失败";
    AfxMessageBox(str);
    return;
}
str.Format("新建立的一个文本文件,该文件存储在当前工作目录下。\n");
F.WriteString(str);
str.Format("请查看并打开该文本文件。");
F.WriteString(str);
F.SetLength(F.GetPosition());
F.Close();
}
```

编译并运行,出现图 2-8 所示的界面,单击"文本文件"菜单项,就会在 E 盘根目录下建立一个文本文件 bbb. txt。到 E 盘中打开该文件,发现该文件已经写入两个语句。

在程序中,语句 CString f,str;定义了两个 CString 类型的字符串变量。

UpdateData()是 MFC 的窗口函数,用来刷新数据。

类 CstdioFile 是由 File 类派生而来的,除了具有 File 类的函数外,还有自己的函数,如 WriteString 等。

由于"\"是转义字符,所以使用语句 f="E：bbb. txt";作为路径。

语句 F. Open(f,CFile::modeCreate|CFile::modeWrite|CFile::typeText)==0 中 Open 函数的多个参数定义了打开文件的各种属性,Open 是 File 对象的一个方法。

与 C 语言相比,Visual C++ 的文件操作类 Cfile 更加方便文件操作。

【例 2-4】 打开一个已经存在的文本文件并读出其内容写在文档上。

本例可以在例 2-3 项目的基础上修改完成。在"打开"菜单中建立一个子菜单"打开文件",单击"打开文件"就打开例 2-3 所建立的文件并读出其一部分内容写在文档上。其菜单设计如图 2-13 所示。

图 2-13 "打开文件"菜单

子菜单"打开文件"的设计以及添加成员函数参考例 2-3,其 ID 为 DakaiF,Caption 为"打开文件"。在菜单"打开文件"的单击事件函数中写入下列代码:

```
void CMainFrame::OnDakaiF()
{
    //TODO: Add your command handler code here
    CString f,str;
```

```
int n;
char s[20];
CStdioFile F;
f="E:bb.txt";
if(F.Open(f,CFile::modeCreate|CFile::modeRead|CFile::typeText)==0)
{
    str="打开"+f+"失败";
    AfxMessageBox(s);
    return;
}
F.ReadString(s,20);
CClientDC dc(this);//定义一个 CclientDC 对象 dc
dc.TextOut(20,30,s);//使用对象 dc 调用其 TextOut 方法,在文档的(20,30)处输出 s
F.Close();
}
```

编译并运行项目,选择"文件"→"打开"→"打开文件"命令,就会打开文件 E：\bb.txt,将其中的前 20 个字节输出到文档中。不过,该程序不能正确输出汉字,该问题留作习题解决。

除了读写文件外,Visual C++ 还提供了一个 CFileDialog 类,用于弹出文件对话框、提取文件属性等。

【例 2-5】 弹出文件对话框。

把下面两个语句放在某个函数中,执行时弹出一个文件对话框,如图 2-14 所示。

图 2-14　打开文件对话框

```
CFileDialog c(true,NULL,NULL,OFN_HIDEREADONLY,"ALLFILES(*.*)|*.*||");
c.DoModal();
```

上面第 1 个语句是创建对象,第 2 个语句是弹出该对话框。

例 2-5 中的文件对话框可以显示各个文件夹中的文件,但是"打开"功能并不好用,要想实现打开功能,还需要进行程序设计。

除了显示文件对话框外,CfileDialog 类还提供了一些方法,如提取文件路径、获取文件属性等。

【例 2-6】 获取文件属性。

　　获取文件属性,可以使用基于对话框项目,也可以选择单文档项目;可以新建项目,也可以在例 2-5 的基础上继续添加,这里选择在例 2-5 的基础上继续添加。

　　首先进入菜单编辑界面,把最下面的空格拖动到"另存为"的下面,双击为该菜单项添加 ID 为 WenjianS,添加 Caption 为"获取文件属性",如图 2-15 所示。

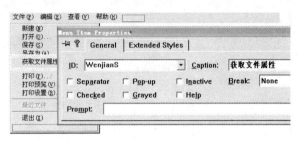

图 2-15　添加"获取文件属性"菜单

　　在"获取文件属性"上右击,进入类向导对话框,添加菜单单击事件函数,然后在 MainFram.cpp 中找到该函数,添加如下代码:

```cpp
void CMainFrame::OnWenjianS()
{
    CString str,p,st;
    CFileDialog c(true,NULL,NULL,OFN_HIDEREADONLY,"ALLFILES(*.*)|*.*||");
    c.DoModal();
    p=c.GetPathName();
    CFileStatus s;
    CClientDC dc(this);
    if(CFile::GetStatus(p,s))
    {
        str=s.m_ctime.Format("创建时间:%Y年%m月%d日%H:%M:%S");
        dc.TextOut(20,30,str);
        str=s.m_mtime.Format("修改时间:%Y年%m月%d日%H:%M:%S");
        dc.TextOut(20,50,str);
        str=s.m_atime.Format("访问时间:%Y年%m月%d日%H:%M:%S");
        dc.TextOut(20,70,str);
        st.Format("文件大小:%d字节",s.m_size);
        dc.TextOut(20,90,st);
    }
}
```

　　编译运行项目,单击"文件"→"获取文件属性",弹出如图 2-14 所示的打开文件对话框,利用该对话框选择一个文件(本例为 b.txt),确定后,在文档上显示出该文件的几个属性,如图 2-16 所示。

　　文件与磁盘操作是系统编程经常用到

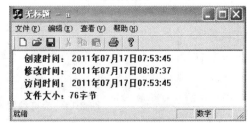

图 2-16　在文档上显示文件属性

的，C 语言与 Visual C++ 比较擅长于系统编程。

【例 2-7】 遍历磁盘目录。

该项目是一个基于对话框的项目。项目运行后，在可编辑文本框中输入目录，单击"确定"按钮，就可以遍历该目录下的所有文件，在静态文本中逐个显示文件名，最后运行结果如图 2-17 所示。

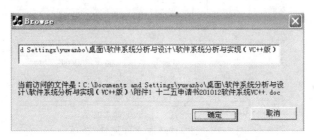

图 2-17　遍历某个目录下的所有文件

本例首先建立一个 MFC 对话框项目 Browse，进入对话框编辑界面，安装一个可编辑文本框，再安装一个静态文本框，然后构造一个递归函数，在"确定"命令按钮的单击事件中调用该递归函数。

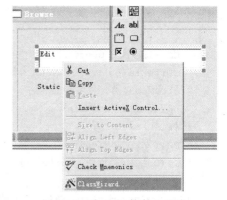

在可编辑文本框上右击，选择 ClassWizard，如图 2-18 所示，进入类向导对话框，单击 Member Variables 进入成员变量编辑界面，选中 IDC_EDIT1，单击 Add Variable 按钮，如图 2-19 所示，添加成员变量名为 m_s，其他不变，确认退出。

双击"确定"按钮，弹出添加成员函数对话框，确认后，进入代码编辑窗口，找到函数 void CBrowseDlg∷OnOK（），在其中加入语句

图 2-18　在 Edit 控件上右击

UpdateData(TRUE)与函数调用语句 Browse(m_s)，再注释掉原有的语句 CDialog∷OnOK()，如下所示：

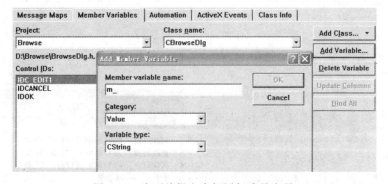

图 2-19　为可编辑文本框添加成员变量

```
void CBrowseDlg::OnOK()
{
    //TODO: Add extra validation here
    UpdateData(TRUE);
    Browse(m_s);
    //CDialog::OnOK();
}
```

上面程序中的函数 Browse 是自定义函数,所以还需要通过合理手段加入到该项目中。在类 CBrowseDlg 上右击,弹出添加成员菜单,如图 2-20 所示。单击"Add Member Function"菜单项,弹出添加成员函数对话框,在其上添加函数类型为 void,函数名为 Browse,如图 2-21 所示。

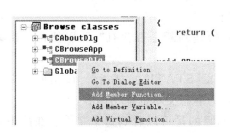

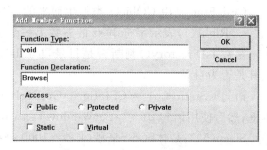

图 2-20　在类 CBrowseDlg 上右击   图 2-21　为类 CBrowseDlg 添加成员函数

添加成员函数后,系统自动在项目中声明函数 Browse,并生成该函数的框架,在 BrowseDlg.cpp 中找到函数 Browse,写入下面的代码:

```
void CBrowseDlg::Browse(CString s)
{
    CFileFind f;
    CString sz=s;                           //实现参数传递
    if(sz.Right(1)!="\\")                   //自动为目录加上斜线,第一个斜线为转义字符
        sz+="\\";                           //字符串连接
    sz+="*.*";
    BOOL res=f.FindFile(sz);                //如果找到文件,返回"TRUE"
    while(res)
    {
        res=f.FindNextFile();               //查找下一个文件
        if(f.IsDirectory()&&!f.IsDots())
        {
            Browse(f.GetFilePath());        //递归调用,查找下一个目录
        }
        else if(!f.IsDirectory()&&!f.IsDots())
        {
            CStatic * p1=(CStatic * )GetDlgItem(IDC_STATIC);
            CString str;
```

```
                    str.Format("当前访问的文件是：%s",f.GetFilePath());
                    p1->SetWindowText(str);
                    Sleep(50);
                }
            }
        f.Close();
}
```

函数 void CBrowseDlg∷Browse(CString s)与函数 void CBrowseDlg∷OnOK()位于同一个文件 BrowseDlg.cpp 中，编译运行，弹出如图 2-17 所示的对话框，在空白文本框中输入（或粘贴）目录，单击"确定"按钮，就可以看到在静态文本上显示出一个又一个文件名。

CFileFind 是由 CObject 类派生而来的，主要功能是用于文件查找。

sz.Right(1)表示字符串 sz 的右数第一个字符。

函数 IsDirectory()判断否是目录，！f.IsDots()是判断是否含有"."，以便再一次确认其是否为目录。

语句 CStatic * p1＝(CStatic *)GetDlgItem(IDC_STATIC);把指针 p1 指向静态文本框，然后使用语句 p1－>SetWindowText(str);为静态文本框输出内容。

Sleep(50);是休眠 50 毫秒(1 秒＝1000 毫秒)，目的是可以看到每个文件名在静态文本框上闪动。

Visual C++ 程序设计比较烦琐，如添加成员函数、成员变量等。但正是这种烦琐，成就了 Visual C++ 的高效。

在例 2-7 的基础上，可以设计出很多实用的程序，例如，在某个目录下查找是否存在某个文件，查找是否存在某个类型的文件等。

2.1.2 线程与程序控制

线程与程序控制是实际项目开发过程中非常重要的内容，特别是线程的使用。

【例 2-8】 在单文档项目中加入一个对话框，在对话框中加入一个按钮，单击该按钮，运行一个已经存在的可执行文件。

本例继续在例 2-6 的基础上进行修改，打开例 2-6 项目。

打开项目可以使用 File→Open 菜单，然后找到后缀为 dsw 或 dsp 的文件，双击即可打开该项目；如果这个项目最近调试运行过，那么也可以到 File 菜单中的 Recent Workspaces 菜单项中去查找。

打开项目后，单击 Resource View 选项卡，在 Dialog 文件夹上右击，选择 Insert Dialog 选项，如图 2-22 所示。

在对话框的 OK 按钮上右击，选择 Properties，在弹出的窗口中修改其 Caption 为"运行可执行文件"，如图 2-23 所示。

图 2-22 添加对话框

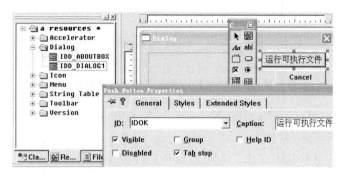

图 2-23　修改命令按钮的 Caption

双击"运行可执行文件"按钮,弹出添加类对话框,单击 OK 按钮确认。接着在新弹出的对话框中填写新类的名称,本例为 D,如图 2-24 所示。类 D 继承了 CDialog 类,Visual C++ 会自动为 D 生成一个 D.cpp 文件。

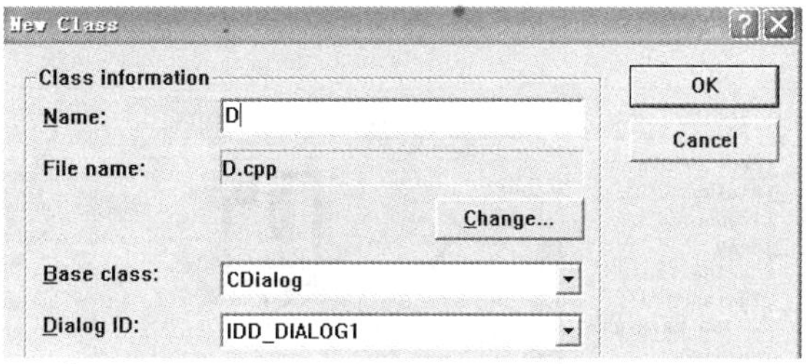

图 2-24　创建新类对话框

确认后,弹出类向导对话框,在 IDOK 被选中的情况下双击 BN_CLICKED,弹出添加成员函数对话框,如图 2-25 所示。单击 OK 按钮,函数添加成功。

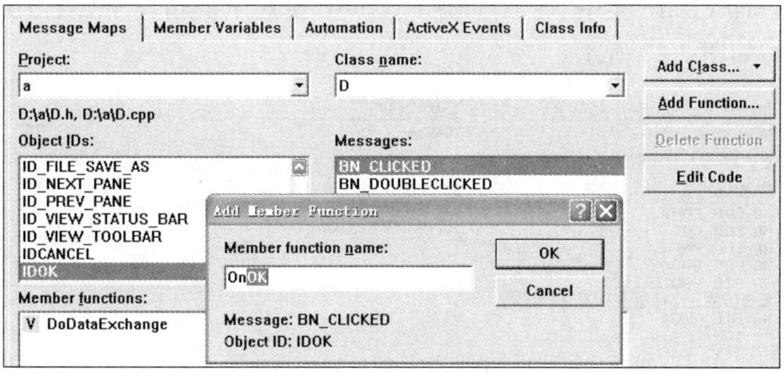

图 2-25　为按钮添加成员函数

此时,回到图 2-23 所示的对话框编辑窗口,双击"运行可执行文件"按钮,进入代码编辑窗口,在 OnOK 函数中加入一个语句:

```
WinExec("D:\eclipse-SDK-3.3-win32\eclipse\eclipsec.exe",SW_SHOW);
```

再把原来的语句 CDialog∷OnOK()注释掉,如图 2-26 所示。

```
void D::OnOK()
{
    // TODO: Add extra validation here
    WinExec("D:\eclipse-SDK-3.3-win32\eclipse\eclipsec.exe",SW_SHOW);
    // CDialog::OnOK();
}
```

图 2-26　在命令按钮的单击事件函数中添加代码

语句 WinExec("D：\eclipse-SDK-3.3-win32\eclipse\eclipsec.exe"，SW_SHOW)是执行计算机上的 Eclipse 软件。

程序修改到这里就基本完成了，不过，现在运行程序并不能运行 Eclipse 软件，原因是没有调用对话框和弹出新加入的对话框，自然就不能触发单击事件，其实也看不到按钮"运行可执行文件"。

下面在文档的工具栏中添加一个按钮图标，然后添加语句，使得单击该图标即可弹出图 2-23 中设计的对话框。

单击 Resource View 选项卡，打开 Toolbar 文件夹，双击 IDR_MAINFRAME 选项，出现如图 2-27 所示的图标设计窗口。

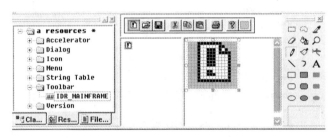

图 2-27　设计图标

绘制完成后，双击该图标确认其 ID 为 ID_FILE_NEW。单击 Visual C++ 主菜单栏中的 View→ClassVizard 菜单，在 ID_FILE_NEW 被选中的情况下，双击 COMMAND，添加成员函数，如图 2-28 所示。

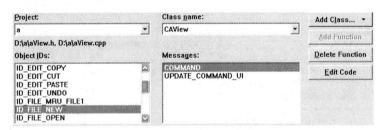

图 2-28　为工具栏上的图标按钮添加成员函数

注意，图 2-28 中的 Class name 需要选择为 CAView，所以，ID_FILE_NEW 的单击事件函数就被添加到 aView.cpp 中。

打开 aView.cpp，在最后找到函数 void aView::OnFileNew()，在其中加入两个语句：

```
D d;
```

```
d.DoModal();
```

再在文件 aView.cpp 的开始部分加上语句♯include "d.h"。至此本例的工作就完成了。

编译并运行项目,单击工具栏最左边的图标,弹出对话框,对话框上有按钮"运行可执行文件",如图 2-29 所示。

图 2-29 单击工具栏上的图标按钮弹出对话框

通过这个例题,介绍了运行可执行文件的函数,同时也介绍了工具栏图标的制作以及程序设计等。

实际上,也可以用函数 system 调用可执行文件,如下所示:

```
system("C:\Program Files\360\360safe\360Safe.exe");
```

还可以使用函数 CreateProcess 调用可执行文件,如下所示:

```
PROCESS_INFORMATION   pi;
STARTUPINFO   si;
memset(&si, 0, sizeof(si));
si.cb=sizeof(si);
si.wShowWindow=SW_SHOW;
si.dwFlags=STARTF_USESHOWWINDOW;
CreateProcess(NULL,
"C:\\Program Files\\360\\360safe\\360Safe.exe",
NULL,
NULL,
FALSE,
NORMAL_PRIORITY_CLASS|CREATE_NEW_CONSOLE,
NULL,
NULL,
&si,
&pi);
```

只要把上面的语句段写在某个函数中,执行该语句段时,就能调用可执行文件 360Safe.exe。

【例 2-9】 多线程执行多个任务。

应用程序、进程和线程都是重要的概念,下面介绍如何使用 Visual C++ 启动一个线程。

新建一个基于对话框的 MFC 项目,项目名为 T。在其上添加一个进度条和一个 Slider(滑块控制条)。添加两个命令按钮,默认 ID 为 IDC_BUTTON1 与 IDC_BUTTON2,修改其 Caption 为"开始第一个线程"与"开始第二个线程"。把"确定"、"取消"按钮移到下部,如图 2-30 所示。

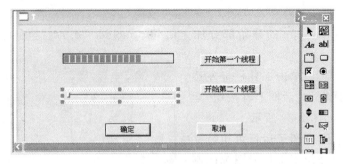

图 2-30　在对话框上添加两个进度条与两个命令按钮

使用类向导为进度条与滚动条设置成员变量，分别为 m_Progress1 与 m_C，类型为控制型，如图 2-31 所示。

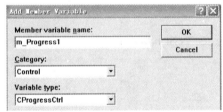
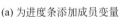

(a) 为进度条添加成员变量

(b) 为滚动条添加成员变量

图 2-31　为进度条与滚动条添加成员变量

接下来设计程序代码。首先在文件 TDlg.cpp 头部定义一个结构体类型 ThreadData 以及该类型的结构体 Thd，如下所示：

```
typedef struct ThreadData
{
    CTDlg * Dlg;
    int n;
}Thd;
```

在文件 TDlg.cpp 前部加入如下语句：

```
#define WM_U WM_USER+1000
```

然后在函数 BOOL CTDlg::OnInitDialog() 的最后语句 return TRUE; 的上面定义进度条与滚动条的范围与初始位置：

```
m_Progress1.SetRange(0,1000);
m_C.SetRange(1,1000,TRUE);
m_Progress1.SetPos(0);
m_C.SetPos(0);
```

在文件 TDlg.cpp 中定义函数 W，如下所示：

```
UINT W(LPVOID param)
```

```
{
    if(param==NULL)
        return -1;
    Thd * p=(Thd * )param;
    for(int i=0;i<10000000;i++)
    {
        if(i%100==0)
        {
            Sleep(1);
            ::SendMessage(p->Dlg->m_hWnd,WM_U,p->n,i/100);
            //消息 WM_U 传给其他函数
        }
    }
    delete p;
    return 0;
}
```

给类 CTDlg 添加成员函数 WindowProc,添加方法是打开类向导对话框,选中对象
CTDlg,查找到 WindowProc,双击完成添加,如图 2-32 所示。

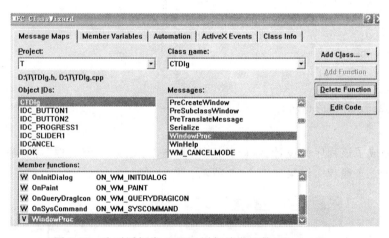

图 2-32　为对话框类 CTDlg 添加消息函数 WindowProc

找到函数 LRESULT CTDlg::WindowProc 的框架,在其中加入如下代码:

```
LRESULT CTDlg::WindowProc(UINT message, WPARAM wParam, LPARAM lParam)
{
    if(message==WM_U)              //WM_U定义在前面,信息来自自定义函数 W
    {
        int nPos=(int)lParam;
        switch(wParam)
        {
            case 1:
                m_Progress1.SetPos(nPos);
```

```
            break;
        case 2:
            m_C.SetPos(nPos);
            break;
        }
    }
    return CDialog::WindowProc(message, wParam, lParam);
}
```

给加入的两个按钮添加单击事件，然后在单击函数中写入线程启动语句，如下所示：

```
void CTDlg::OnButton1()
{
    //TODO: Add your control notification handler code here
    Thd * pD=new Thd;
    pD->Dlg=this;                   //线程的运行主体是该对话框
    pD->n=1;                        //线程的编号是 1
    AfxBeginThread(W,pD);           //启动线程
}
void CTDlg::OnButton2()
{
    //TODO: Add your control notification handler code here
    Thd * pD=new Thd;
    pD->Dlg=this;
    pD->n=2;
    AfxBeginThread(W,pD);
}
```

至此，完成了该程序的设计，编译并运行，单击"开始第一个线程"，间隔一段时间后，单击"开始第二个线程"，结果如图 2-33 所示。

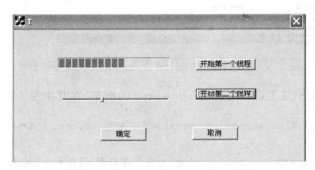

图 2-33　运行后单击按钮开始两个线程

线程是一个非常重要的内容，很多工作用多线程来实现可以高效地利用计算机的资源，特别是 CPU 的资源。

在绘图动画与网络通信传输等程序中，经常使用线程进行程序设计，这样可以更合理地实现各个任务，同时能有效地利用计算机的资源。

2.1.3　读写系统时间

【例 2-10】　读写系统时间。

建立基于对话框的项目 Time,删除"取消"按钮,把"确定"按钮的 Caption 修改为"退出"。添加两个命令按钮,一个 Caption 为"显示时间",另一个 Caption 为"修改时间"。添加一个静态文本框,修改其 ID 值为 IDC_STATIC1。再在一行中添加 6 个编辑文本框与 6 个静态文本框。选中第二行控件,在其上右击,选择 Size to Content(根据内容确定控件大小)与 Align Top Eges(上端对齐)选项,设计后的结果如图 2-34 所示。

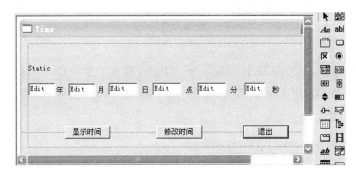

图 2-34　在对话框上安装控件

至此项目设计完成,运行后,当前时间显示在第二行中(停止在当前时间,不再变化),修改某个文本框中的数字,单击"修改时间"按钮后,就会修改系统时间。如果单击"显示时间"按钮,在第一行静态文本框上就会显示出当前日期与时间,每秒更新一次时间,如图 2-35 所示。

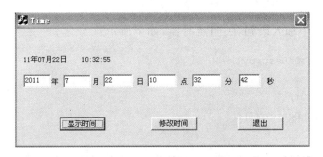

图 2-35　显示与修改系统时间

安装完控件后,按如下步骤继续设计该程序。

(1) 使用类向导为可编辑文本框添加成员变量,从前到后分别命名为 m_y、m_m、m_d、m_h、m_mi 和 m_s,类型均为 int 型。

(2) 把下面的语句段写到 BOOL CTimeDlg::OnInitDialog() 的最前部、CDialog::OnInitDialog() 的上面,如下所示:

```
BOOL CTimeDlg::OnInitDialog()
```

```
{
    SYSTEMTIME st;                      //定义 st 为一个 SYSTEMTIME 类型的结构体变量
    ::GetLocalTime(&st);                //取回当前系统时间赋值给结构体变量 st
    m_y=st.wYear;                       //赋值给各个编辑文本框的成员变量
    m_m=st.wMonth;
    m_d=st.wDay;
    m_h=st.wHour;
    m_mi=st.wMinute;
    m_s=st.wSecond;                     //因为是在初始化函数中赋值,所以运行后就显示在控件中

    CDialog::OnInitDialog();
    …                                   //其他原有代码
}
```

（3）打开类向导，到消息映射（Message Maps）页面，选中 CtimeDlg，双击添加消息 WM_TIMER 与 WM_DESTROY。在 OnTimer 函数中加入语句，在静态文本框上显示当前时间，如下所示：

```
void CTimeDlg::OnTimer(UINT nIDEvent)
{
    CString s;
    CTime t;                                    //使用 MFC 的 Ctime 类创建对象
    t=CTime::GetCurrentTime();
    s=t.Format("%y年%m月%d日    %X");           //设置显示格式
    this->GetDlgItem(IDC_STATIC1)->SetWindowText(s);
    CDialog::OnTimer(nIDEvent);
}
```

在 OnDestroy 中加入语句，关闭定时器，如下所示：

```
void CTimeDlg::OnDestroy()
{
    KillTimer(0);
    CDialog::OnDestroy();
}
```

（4）在对话框编辑窗口双击"显示时间"按钮，添加单击事件函数，在单击事件函数中添加如下语句：

```
void CTimeDlg::OnButton1()
{
    SetTimer(0,1000,NULL);              //设置激活定时器,每隔一秒调用 OnTimer 函数一次
}
```

（5）在对话框编辑窗口双击"修改时间"按钮，添加单击事件函数，在单击事件函数中添加如下语句：

```
void CTimeDlg::OnButton2()
{
    UpdateData(TRUE);
    SYSTEMTIME st;
    ::GetLocalTime(&st);
    st.wYear=m_y;                    //把可编辑文本框中的时间赋值给结构体变量 st
    st.wMonth=m_m;
    st.wDay=m_d;
    st.wHour=m_h;
    st.wMinute=m_mi;
    st.wSecond=m_s;
    ::SetLocalTime(&st);             //该语句完成了修改时间的工作
}
```

至此，程序设计完成。

【例 2-11】 使用 Month Calender 控件制作日历。

新建一个基于对话框的项目，添加一个日历控件，调整其大小，然后编译并运行，结果如图 2-36 所示。在日历上，当前日期被自动选中。

图 2-36 在对话框上安装日历

日历控件对应的 MFC 类为 CmonthCalctr，该类提供了函数 GetCurSel、SetCurSel、GetToday 和 SetToday 等获取设置当前选择日期与当前日期等。

通过本例可以了解软件的重用思想、组件概念和层次概念等。

2.2 网络程序设计

随着计算机网络的发展以及用户的大幅度增加，网络程序设计变得越来越重要。本节简单介绍网络程序设计的一些基本内容。

2.2.1 获取 IP 地址

IP 作为因特网中计算机、网站或用户的重要标志，已经被广大用户所熟知。一个最基本的网络程序设计是获取本地计算机的 IP 地址。

【例 2-12】 设计程序，获取本地计算机的主机名与 IP 地址。

首先建立一个基于对话框的 MFC 程序，步骤是选择 MFC AppWizard[exe]，将项目命名为 G，确认，然后单击 Dialog based，再单击 Next 按钮，在弹出的对话框中选中 Windows Sockets 选项，如图 2-37 所示。单击 Finish 按钮，再确认后，进入编辑界面。

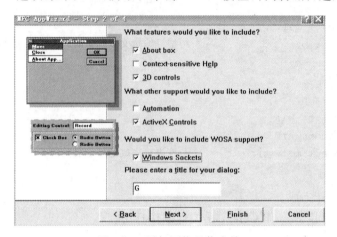

图 2-37　添加网络通信支持

在对话框上添加两个可编辑文本框，调整文本框以及整个对话框的大小。使用类向导为两个文本框添加 CString 类型的成员变量 m_h 与 m_ip，分别用来显示主机名和 IP 地址。

单击左边的类结构视图 ClassView，在类名 CGDlg 上右击，选择 Add Member Function 选项，如图 2-38 所示。在弹出的对话框中填写函数类型为 void，函数名为 Get()，确认并退出。

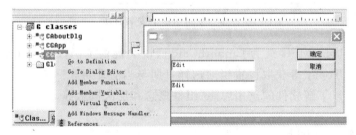

图 2-38　在类 CGDlg 中添加成员函数

单击文件结构视图 FileView，选择 GDlg. cpp，在函数 void CGDlg∷Get() 中输入如下代码（如图 2-39 所示）：

```cpp
char s[128];
CString str;
if(gethostname(s,128)==0)
{
    struct hostent * p;
    int c;
    p=gethostbyname(s);
```

```
    m_h=s;
    c=0;
    int j;
    int h=4;
    for(j=0;j<h;j++)
    {
        CString addr;
        if(j>0)
            str+=".";
        addr.Format("%u",(unsigned int)((unsigned char*)p
                    ->h_addr_list[c])[j]);
        str+=addr;
    }
}
m_ip=str;
UpdateData(FALSE);
```

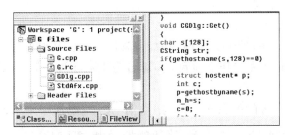

图 2-39　在函数 Get()中添加代码

在函数 BOOL CGDlg∷OnInitDialog()中调用该函数,如图 2-40 所示。

图 2-40　在初始化函数中调用 Get()

编译并运行该项目,结果如图 2-41 所示。

实际上,可以建立 C++ Source File,然后把下面的程序写入文件,运行后就可以返回本地 IP 地址,只不过是显示在命令窗口中。

```
#include<winsock2.h>
```

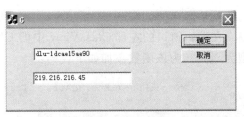

图 2-41　运行后显示出主机名与 IP 地址

```
#include<stdio.h>
#pragma comment(lib,"WS2_32.lib")
int main()
{
    WSADATA data;
    WSAStartup(2,&data);
    hostent * host=gethostbyname("");
    char * IP=inet_ntoa(*(struct in_addr *)*(host->h_addr_list));
    printf("Local IP:%s\n",IP);
    WSACleanup();
    return 0;
}
```

2.2.2 搜索局域网内计算机

在一些应用程序（如局域网通信软件）中，需要查找并列出局域网内的所有计算机，下面研究如何使用 Visual C++ 设计程序实现局域网内搜索计算机的工作。

【例 2-13】 设计程序，搜索局域网内的计算机名及其 IP 地址。

新建一个基于对话框的 MFC 项目，项目名为 M，与例 2-11 一样，要选中 Windows Sockets 选项，如图 2-37 所示。

删除对话框上的自带的静态文本框与"取消"按钮，添加一个 list 列表框，修改其 ID 为 IDC_LIST。双击对话框上的"确定"按钮添加单击事件函数，然后在该函数中填写下面的代码：

```
void CMDlg::OnOK()
{
    GetDlgItem(IDOK)->EnableWindow(FALSE);
    CStringArray list;
    Enum(list);                //调用自定义函数 Enum
    CListBox * p=(CListBox *)GetDlgItem(IDC_LIST);
    p->ResetContent();
    for(int i=0;i<list.GetSize();i++)
        p->AddString(list.GetAt(i));
    GetDlgItem(IDOK)->EnableWindow(TRUE);
    //CDialog::OnOK();
}
```

在编辑窗口的左部 ClassView 中的 CMDlg 类上右击，为其添加成员函数 Enum，类型为 void。为该函数添加如下代码：

```
void CMDlg::Enum(CStringArray &list)
{
list.RemoveAll();
```

```
CString s;
struct hostent * h;
struct in_addr * ptr;
DWORD d=RESOURCE_CONTEXT;
NETRESOURCE * Netr=NULL;
HANDLE hE;
WNetOpenEnum(d,NULL,NULL,NULL,&hE);
WSADATA wsa;
WSAStartup(MAKEWORD(1,1),&wsa);
if(hE)
{
    DWORD Count=0xFFFFFFFF;
    DWORD Buff=2048;
    LPVOID Buf=new char[2048];
    WNetEnumResource(hE,&Count,Buf,&Buff);
    Netr=(NETRESOURCE * )Buf;
    char szH[200];
    for(unsigned int i=0;i<Buff/sizeof(NETRESOURCE);i++,Netr++)
    {
            if(Netr->dwUsage==RESOURCEUSAGE_CONTAINER&&Netr->dwType
                ==RESOURCETYPE_ANY)
            {
                if(Netr->lpRemoteName)
                {
                    CString strF=Netr->lpRemoteName;
                    if(strF.Left(2).Compare("\\\\")==0)
                        strF=strF.Right(strF.GetLength()-2);
                    gethostname(szH,strlen(szH));
                    h=gethostbyname(strF);
                    if(h==NULL)continue;
                    ptr=(struct in_addr * )h->h_addr_list[0];
                    int a=ptr->S_un.S_un_b.s_b1;
                    int b=ptr->S_un.S_un_b.s_b2;
                    int c=ptr->S_un.S_un_b.s_b3;
                    int d=ptr->S_un.S_un_b.s_b4;
                    s.Format("主机名:%s IP地址:%d.%d.%d.%d",strF,a,b,c,d);
                    list.Add(s);
                }
            }
    }
    delete Buf;
    WNetCloseEnum(hE);
}
WSACleanup();
}
```

在 MDlg. cpp 的头部,使用语句♯include "winsock2. h"把头文件 winsock2. h 包含进来。

选择菜单 Project/Setting,在弹出的对话框中选择 Line 选项,在 Object/Library Modules 中写入两个函数库,ws2_32. lib 与 mpr. lib。

编译并运行该项目,单击"确定"按钮,本次搜索到的计算机如图 2-42 所示。

图 2-42　运行后显示出局域网内的主机及其 IP 地址·

2.2.3　客户/服务器程序

所谓客户/服务器程序设计,是指设计实现至少两个程序:其中一个作为服务器程序,用来提供某种服务;另外一个或者多个程序作为客户端程序,用来与服务器进行交互或者通过服务器与其他客户端程序进行通信交互等工作。安装了服务器端程序的机器称为服务器,安装了客户端程序的机器称为客户机。

客户/服务器程序简称为 C/S(Client/Server)程序。很多常见的网络应用程序都是 C/S 模式的程序,聊天用的 QQ 软件就可以看作是客户/服务器模式的程序,QQ 用户使用的是客户端程序,服务器端程序在提供者那里。还有一般校园网使用的登录软件也是 C/S 模式的软件。

不过有些 C/S 模式的软件被用来进行不法行为,例如,木马程序就是 C/S 模式的,它把服务器程序植入到被攻击的计算机上,然后秘密运行该服务器端程序,而把客户端程序运行在自己的计算机上,通过客户端程序控制被攻击的计算机,从被攻击的计算机上偷运回文件信息等。

C/S 模式的程序应用广泛,虽然目前 Browser/Server(简称 B/S)模式的程序应用比较广泛,但是,C/S 模式在很多场合还在继续使用。

B/S 模式是指浏览器/服务器模式,是借助于目前机器上广泛使用的浏览器作为客户端进行工作,这一模式有很多优点,如统一、方便等。

关于 B/S 模式在本书中不涉及,下面介绍的网络聊天程序就是一个具体的客户/服务器模式的程序设计。

2.2.4　网络聊天程序设计

聊天程序是一个非常实用的程序,初学语言的学生对这个程序充满了好奇。下面给出一个简单的聊天程序,事实上,该程序还称不上聊天程序,只是完成了最简单的通信。不过,可以在这个程序的基础上继续修改,完成更多的功能。

　　【例2-14】　编写两个简单的程序,一个作为服务器端程序,另一个作为客户端程序,使用两个程序可以在两个计算机上进行简单通信。

　　考虑到调试程序方便等,在一台计算机上运行两个(次)Visual C++,模拟两台计算机通信。

　　首先在一个 Visual C++ 上编写下面的C++ Source File 文件,命名为 S. cpp,该程序作为服务器端程序,运行后弹出命令窗口,如图 2-43(a)所示,等待客户端联系。

```cpp
#include<Winsock2.h>
#include<iostream.h>
#include<stdio.h>
#pragma comment(lib,"ws2_32.lib")
void main()
{
    WORD wRequest;
    WSADATA wsaData;
    wRequest=MAKEWORD(1,1);
    WSAStartup(wRequest,&wsaData);
    SOCKET sockSrv=socket(AF_INET,SOCK_STREAM,0);
    SOCKADDR_IN addrSrv;
    addrSrv.sin_addr.S_un.S_addr=htonl(INADDR_ANY);
    addrSrv.sin_family=AF_INET;
    addrSrv.sin_port=htons(9000);                //把端口号写入套接字地址
    bind(sockSrv,(SOCKADDR*)&addrSrv,sizeof(SOCKADDR));
    listen(sockSrv,5);
    SOCKADDR_IN addrClient;
    int len=sizeof(SOCKADDR),k=0;
    while(k<5)
    {
        SOCKET sockConn=accept(sockSrv,(SOCKADDR*)&addrClient,&len);
        char sendBuf[100];
        sprintf(sendBuf,"你好,欢迎你  %s!",inet_ntoa(addrClient.sin_addr));
        send(sockConn,sendBuf,strlen(sendBuf)+1,0);
        char recvBuf[100];
        recv(sockConn,recvBuf,100,0);
        cout<<recvBuf<<endl;                //输出接收到的信息
        closesocket(sockConn);              //关闭套接字 sockConn
        k++;
    }
}
```

在另外一个 Visual C++ 上编写客户端程序 C.cpp,代码如下:

```
#include<Winsock2.h>
#include<iostream.h>
#pragma comment(lib,"ws2_32.lib")
void main()
{
    WORD wRequest;
    WSADATA wsaData;
    wRequest=MAKEWORD(1,1);
    WSAStartup(wRequest,&wsaData);
    SOCKET sockClient=socket(AF_INET,SOCK_STREAM,0);
    SOCKADDR_IN addrSrv;
    addrSrv.sin_addr.S_un.S_addr=inet_addr("127.0.0.1");
    addrSrv.sin_family=AF_INET;
    addrSrv.sin_port=htons(9000);
    connect(sockClient,(SOCKADDR * )&addrSrv,sizeof(SOCKADDR));
    char recvBuf[100];
    recv(sockClient,recvBuf,100,0);
    cout<<recvBuf<<endl;
    char content[256];
    cin>>content;
    send(sockClient,content,strlen(content)+1,0);
    closesocket(sockClient);
    WSACleanup();
}
```

运行客户端程序后，就显示出"你好，欢迎你127.0.0.1!"，如图2-43(b)所示。输入"你也好啊，服务器!"，按Enter键后，消息传出，客户端程序退出，如图2-43(c)所示。此时，在服务器窗口上显示出"你也好啊，服务器!"，如图2-43(d)所示。

(a) 服务器运行后等待客户端联系

(b) 客户端运行后就收到服务器的问候

(c) 在客户端输入信息然后按Enter键

(d) 服务器端收到客户端信息

图 2-43　聊天程序运行后的通信过程

先对服务器端程序进行分析。

程序开始的语句♯pragma comment(lib,"ws2_32.lib")用于连接库文件 ws2_32.lib,如果不在程序中写入该语句,那么需要打开菜单 Project/Setting,在弹出的对话框中选择 Line 选项,在 Object/Library Modules 中写入函数库名 ws2_32.lib。

语句 WORD wRequested;定义了一个 WORD 类型的变量,然后使用语句 wRequested=MAKEWORD(1,1);创建该变量。

WSAStartup 是初始化函数。

语句 SOCKET sockClient = socket (AF_INET,SOCK_STREAM,0);创建了 SOCKET 类型的变量 sockClient。

SOCKADDR_IN 类型是一个用来存储 IP 以及端口号等套接字地址信息的结构体变量类型。

bind(sockSrv,(SOCKADDR*)&addrSrv,sizeof(SOCKADDR));是绑定 SOCKET 对象 sockSrv 到 SOCKADDR_IN 对象 addrSrv 上,实际上就是进行了一种初始化,此处是把本地计算机的 IP 地址与使用的端口号绑定到 sockSrv。

listen(sockSrv,5);是利用 sockSrv 对象进行监听,等待客户端程序进行连接,5 表示可以等待连接的最大数目。一般都是在服务中进行监听,等待客户端程序连接。

while(k<5)以及循环体内的k++决定了该循环体内的语句要执行 5 次。

语句 SOCKET sockConn=accept(sockSrv,(SOCKADDR*)&addrClient,&len)是又定义并初始化了一个 SOCKET 对象,该 sockConn 对象与 addrClient 即客户端的地址信息绑定在一起,并指明客户端是与 sockSrv 进行通信。

sendBuf 是字符数组。

语句 sprintf(sendBuf,"你好,欢迎你　%s!",inet_ntoa(addrClient.sin_addr))是把"你好,欢迎你"以及客户端的 IP 地址加在一起赋值给字符数组 sendBuf。

语句 send(sockConn,sendBuf,strlen(sendBuf)+1,0)是将字符数组 sendBuf 中的内容发送给 sockConn 绑定的客户端,信息长度是 strlen(sendBuf)+1。

recvBuf 是字符数组,用于接收数据。

语句 recv(sockConn,recvBuf,100,0)接收来自客户端的信息,存储到 recvBuf 中。

上面是对服务器端程序的解释,客户端程序中的许多语句都与服务器端程序是一致的,最大区别的是如下语句:

```
addrSrv.sin_addr.S_un.S_addr=inet_addr("127.0.0.1");
```

在这个语句中,IP 地址"127.0.0.1"是服务器的地址,正是这个地址决定了客户端程序去访问服务器。

仔细观察 S.cpp 与 C.cpp 程序,分析研究两个程序的区别。

该聊天程序最大的问题是只能通信一次,所以还不能说是聊天程序,所以要进行修改完善。只能通信一次是因为客户端程序只进行了一次通信。

【例 2-15】 设计服务器端程序与客户端程序,使得两个程序能够多次通信。

构造服务器端程序如下:

```
#include "stdafx.h"
#include <stdio.h>
#include <Winsock2.h>
#include <iostream.h>
#pragma comment(lib,"ws2_32.lib")
DWORD WINAPI RThreadProc(LPVOID lpParam);              //声明函数
DWORD WINAPI SThreadProc(LPVOID lpParam);

int main(int argc, char * argv[])                      //带有参数与返回值的主函数
{
    WORD wVersionRequested;
    WSADATA wsaData;
    wVersionRequested=MAKEWORD(1,1);
    WSAStartup(wVersionRequested,&wsaData);
    SOCKET sockSrv=socket(AF_INET,SOCK_STREAM,0);
    SOCKADDR_IN addrSrv;
    addrSrv.sin_addr.S_un.S_addr=htonl(INADDR_ANY);
    addrSrv.sin_family=AF_INET;
    addrSrv.sin_port=htons(6000);                      //端口号是 6000
    bind(sockSrv,(SOCKADDR * )&addrSrv,sizeof(SOCKADDR));
    listen(sockSrv,5);
    SOCKADDR_IN addrClient;
    int len=sizeof(SOCKADDR);
    SOCKET sockConn=accept(sockSrv,(SOCKADDR * )&addrClient,&len);
    char sendBuf[100];
    sprintf(sendBuf,"Welcome%s!",inet_ntoa(addrClient.sin_addr));
    send(sockConn,sendBuf,strlen(sendBuf)+1,0);        //先发送一个欢迎信息
    while(1)                //使用线程不停地调用两个函数,实现通信
    {
        HANDLE hThead=CreateThread(NULL,0,RThreadProc,
                        (LPVOID)&sockConn,0,NULL);
        CloseHandle(hThead);
        HANDLE rhThead=CreateThread(NULL,0,SThreadProc,
                        (LPVOID)&sockConn,0,NULL);
        CloseHandle(rhThead);
    }
    return 0;
}

DWORD WINAPI RThreadProc(LPVOID lpParam)
{
    SOCKET * mysocket=(SOCKET * )lpParam;
    SOCKET sockConn= * mysocket;
    char recvBuf[100];
```

```
        while(1)
        {
            int index=   recv(sockConn,recvBuf,100,0);
            if(index<0)
                break;
            cout<<recvBuf<<endl;
        }
        closesocket(sockConn);
        return 0;
}


DWORD WINAPI SThreadProc (LPVOID lpParam)
{
        SOCKET * mysocket= (SOCKET * ) lpParam;
        SOCKET sockConn= * mysocket;
        char recvBuf[100];
        while(1)
        {
            cin>>recvBuf;
            send(sockConn,recvBuf,strlen(recvBuf)+1,0);
        }
        closesocket(sockConn);
        return 0;
}
```

构造客户端程序如下：

```
#include<Winsock2.h>
#include<iostream.h>
#pragma comment(lib,"ws2_32.lib")
void main()
{
        WORD wRequested;
        WSADATA wsaData;
        wRequested=MAKEWORD(1,1);
        WSAStartup(wRequested,&wsaData);
        SOCKET sockClient=socket(AF_INET,SOCK_STREAM,0);
        SOCKADDR_IN addrSrv;
        addrSrv.sin_addr.S_un.S_addr=inet_addr("127.0.0.1");
        addrSrv.sin_family=AF_INET;
        addrSrv.sin_port=htons(6000);
        connect(sockClient,(SOCKADDR * )&addrSrv,sizeof(SOCKADDR));
        char recvBuf[100];
        recv(sockClient,recvBuf,100,0);
        cout<<recvBuf<<endl;
```

```
while(1){
    char content[256];
    cin>>content;
    send(sockClient,content,strlen(content)+1,0);
    recv(sockClient,recvBuf,100,0);
    cout<<recvBuf<<endl;
}
closesocket(sockClient);
WSACleanup();
}
```

先运行服务器端程序，然后运行客户端程序，可以多次通信。

不过，程序还存在问题，最主要的问题是：需要客户端先发送信息，服务器收到后，在服务器上输入信息才可以发送到客户端上。把解决这个问题留作习题。

在语句 DWORD WINAPI RThreadProc（LPVOID lpParam）中，函数名RthreadProc与参数名lpParam可以自行确定，其他都是系统关键字，不可以随意改动。

函数 RthreadProc 与 SthreadProc 一个负责接收，一个负责发送。两个函数的框架结构都相同，只是循环语句中的两个语句不同。

2.3 数据库操作

数据库操作是程序设计的又一个重点，许多应用程序都离不开数据库的支持。使用Visual C++ 操作数据库有很多方法，本节介绍使用简单的单文档显示数据，并介绍数据库控件 ADO 的使用。

2.3.1 单文档中加入数据库操作选项显示记录

在 Visual C++ 中，使用单文档连接数据库后，很容易实现数据库的简单操作。

图 2-44 建立一个数据库"学生信息"，
一共有 4 个表

【例 2-16】 建立一个单文档程序，在其上显示数据库表中的内容。

首先建立要操作的数据库以及数据表，本例中使用 Access 建立了一个数据库，名为"学生信息"，在该库中建立了几个表，如图 2-44 所示，表 student 的结构与已经输入的记录如图 2-45 所示。

接下来使用 Windows 创建一个数据源，在 Windows XP 中，创建方法是"控制面板"→"管理工具"→"数据源"，然后单击"添加"按钮，选择该数据源的驱动程序，该例选择"Microsoft Access Driver"，确认后，为该数据源命名，此例为"学生"，并让其链接在数据库"学生信息"上。

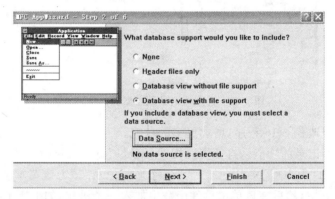

图 2-45　表 student 的结构以及输入的一些记录

数据库表与数据源建好后，开始设计项目。

建立一个单文档项目 D，在选择"单文档"（Single document）选项后，单击 Next 按钮，出现如图 2-46 所示的对话框，在该对话框上选择 Database view with file support 选项，然后单击 Data Source 按钮，弹出如图 2-47 所示的选择数据源对话框，选择数据源后，再选择数据表，如图 2-48 所示。

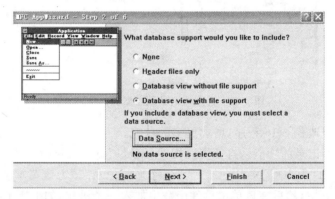

图 2-46　选择 Database view with file support 选项

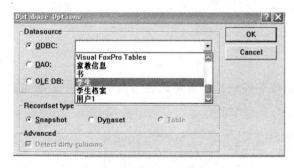

图 2-47　选择数据源（数据库）

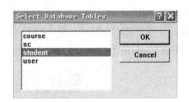

图 2-48　选择数据表 student

打开 DView. cpp，找到函数 void CDView∷DoDataExchange（CDataExchange ＊ pDX）所在位置，在该函数中加入如下代码：

```
void CDView::DoDataExchange(CDataExchange * pDX)
{
    CRecordView::DoDataExchange(pDX);

    DDX_FieldText(pDX,IDC_EDIT1,m_pSet->m_sname,m_pSet);
```

```
DDX_FieldText(pDX,IDC_EDIT2,m_pSet->m_ssex,m_pSet);
DDX_FieldText(pDX,IDC_EDIT3,m_pSet->m_sbirth,m_pSet);
DDX_FieldText(pDX,IDC_EDIT4,m_pSet->m_shome,m_pSet);
DDX_FieldText(pDX,IDC_EDIT5,m_pSet->m_smajor,m_pSet);
}
```

编译运行项目，在文档上显示出数据表中的信息，如图 2-49 所示，单击按钮 ▶ ▶|，可以显示下一条记录或者最后一条记录。

该项目还自动添加了"记录"菜单项，该菜单项与按钮 |◀ ◀ ▶ ▶| 的功能类似。

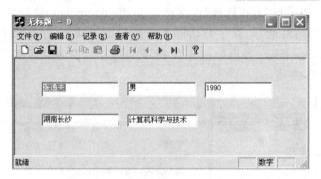

图 2-49 在文档上显示数据表的信息

【例 2-17】 修改例 2-16 程序，增加更多的功能。

首先增加删除记录的功能。打开资源视图，编辑项目主菜单栏中的"记录"菜单，为其增加一个菜单项，ID 为 IDC_N，Caption 为"删除当前记录"。为该菜单项添加单击事件，添加到 Dview.cpp 中，然后在该单击事件函数中加入一个语句，如下所示：

```
void CDView::OnN()
{
    m_pSet->Delete();
}
```

编译并运行程序，单击"记录"→"删除当前记录"，就可以在数据库的表中删除当前显示在文档中的记录，如图 2-50 所示。

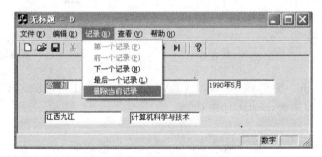

图 2-50 添加了"删除当前记录"的菜单

除了 Delete()函数外，系统自定义的 m_pSet 对象还有很多函数。

下面使用 m_pSet 对象的 GetTableName() 函数为项目文档添加表头，仍然使用例 2-16 的项目，在其 CDView::OnInitialUpdate() 函数中添加如下代码（以黑体字表示）：

```
void CDView::OnInitialUpdate()
{
    m_pSet=&GetDocument()->m_dSet;
    CRecordView::OnInitialUpdate();
    GetParentFrame()->RecalcLayout();
    ResizeParentToFit();

    CString s=m_pSet->GetTableName();
    this->GetDlgItem(IDC_STATIC1)->SetWindowText("表"+s+"中的记录:");
}
```

程序运行后，在文档上部显示出提示信息"表[student]中的记录"，如图 2-51 所示。

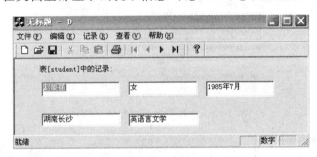

图 2-51　在文档上添加表头

上面通过两个例题介绍了 Visual C++ 中应用程序与数据库联系的一种方法，也进一步介绍了 Visual C++ 程序设计模式。Visual C++ 提倡的是最小化程序及其包含文件，必要时才放入项目中，这是 Visual C++ 的优点之一。

另外，Visual C++ 提供了很多有助于程序设计的辅助方法，例如，在某个控件或窗体上右击弹出快捷菜单就是最常用的功能之一。

2.3.2　数据库控件 ADO 的使用

Visual C++ 操作数据库的方法、函数和控件等有很多，下面介绍重要的 ADO 控件与 DataGrid 控件的应用。

建立一个基于对话框的项目，安装一个 DataGrid 控件，再安装一个 ADO 控件，让前者连接在后者之上，再让 ADO 控件连接在某个数据库的一个表上，不需要书写代码，编译并运行后，即可以把该表的所有内容显示在 DataGrid 上。下面通过例 2-18 介绍 ADO 控件与 DataGrid 控件的使用。

【例 2-18】　使用 ADO 控件与 DataGrid 控件显示数据库表中的信息。

先建立一个基于对话框的项目，填写工程名为 DADO，其他后继对话框都使用默认选项。在被编辑的对话框上右击，弹出如图 2-52 所示的快捷菜单，选择 Insert ActiveX

Control 选项，弹出如图 2-53 所示的插入 ActiveX 控件对话框，选择 Microsoft ADO Data Control 与 Microsoft DataGrid Control Version 6.0 两个控件，单击 OK 按钮后，便安装在窗体上，如图 2-54 所示。

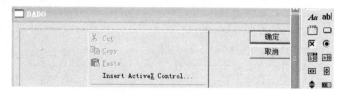

图 2-52　快捷菜单

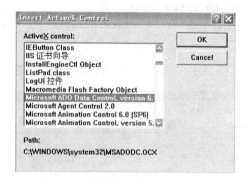

图 2-53　选择添加数据控件 ADO

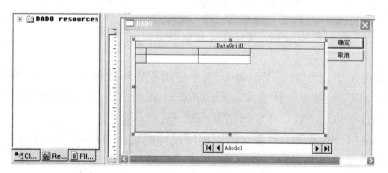

图 2-54　在窗体上添加 DataGrid 控件

　　调整两个控件的大小与位置，为了操作方便，把"确定"与"取消"按钮移到窗体的下部。
　　接下来设置控件的属性，先在 DataGrid 控件上右击，在弹出的快捷菜单上选择 Properties（属性），然后单击 All 选项卡，在 DataSource 栏选择 IDC_ADODC1（ADO 控件名），如图 2-55 所示。

图 2-55　在 DataSource 栏选择 IDC_ADODC1

在设计窗体的 ADODC1 控件上右击，在弹出的对话框上选择数据源"学生"，如图 2-56 所示。这样设置后，DataGrid 控件就与控件 IDC_ADODC1 联系在一起，也就与数据源所连接的数据库"学生信息"连接在一起。

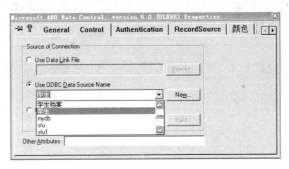

图 2-56　为 ADODC1 控件选择数据源

接下来为 ADODC1 控件选择数据表，如图 2-57 和图 2-58 所示，这里选择了 student 表。

图 2-57　为 ADODC1 控件选择数据表

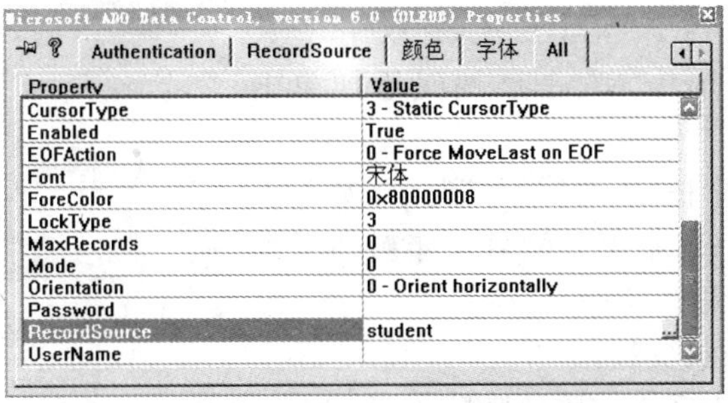

图 2-58　为 ADODC1 控件选择数据表

编译并运行项目，结果如图 2-59 所示。该数据表一共有 4 条记录，全部显示出来，如果不能全部显示出来，那么就会出现垂直滚动条。

单击 ADO 控件的箭头也可以上下移动显示记录。另外，ADO 控件也可以隐身，不显示在对话框界面上。

ADO 控件最主要的优点是易于使用、速度快、内存占用少、磁盘残留小等，并在前端与数据源之间使用最少的层数，提供了轻量级、高性能的接口，所以得到了广泛的使用。

实际上，可以使用语句连接数据库，而不需要手动添加 ADO 控件，例如，可以使用下面的语句连接 Access 数据库（加入到 stdafx.h 中）：

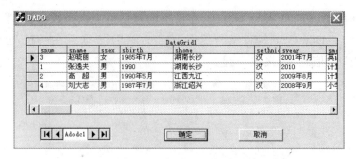

图 2-59　在数据表格上显示数据表中的内容

```
#import "C:\Program Files\Common Files\System\ado\msado15.dll" no_namespace \
rename("EOF","adoEOF") rename("BOF","adoBOF")
```

另外，一般都是通过程序设计操作数据库，可以在例 2-18 的基础上继续编写代码，操作数据库。例 2-18 只是一个小的示例，没有编写程序代码。

2.3.3　Visual C++ 对 Access 数据库表的简单操作

下面给出 Visual C++ 使用代码程序操作 Access 数据库表的一个例子。

【例 2-19】　编写程序在数据库中建立一个数据表，然后向该数据表中写入记录。

（1）设计对话框。

建立一个 MFC 对话框项目 sjk，保留原有的两个按钮，把"确定"按钮的 Caption 修改为"确定添加"，双击该按钮添加单击事件。在对话框上安装一个按钮，ID 为 IDC_BUTTON1，Caption 为"建立数据库 db 中的个人信息表"，双击该按钮添加单击事件。

添加两个静态文本框，上写"学号"与"年龄"，再加入两个编辑文本框，用来输入学号与年龄。添加文本框后的对话框如图 2-60 所示。

图 2-60　对话框设计

（2）为控件添加成员变量。

为两个可编辑文本框添加成员变量，如图 2-61 所示。

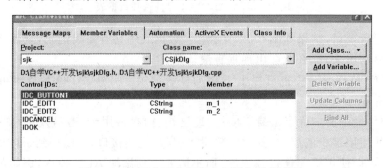

图 2-61　为两个可编辑文本框添加成员变量

（3）在对话框项目文件夹中建立一个 Access 数据库，名为 db.mdb，如图 2-62 所示。

图 2-62 在项目文件夹中建立一个空数据库

（4）把语句

```
#import "C:\\Program Files\\Common Files\\System\\ado\\msado15.dll"\
no_namespace rename("EOF","adoEOF")
```

放在头文件 StdAfx.h 中，如图 2-63 所示。

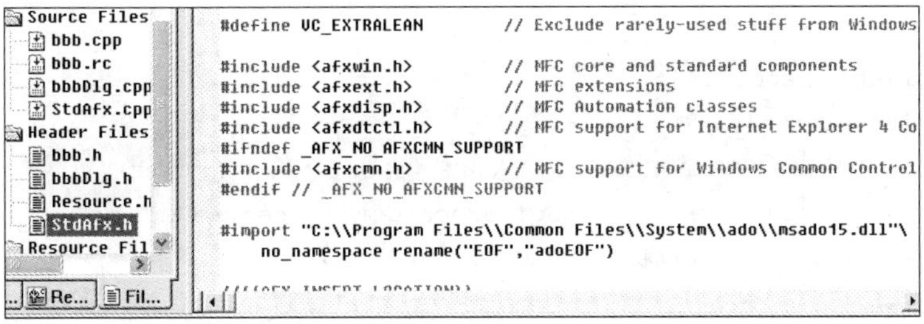

图 2-63 在头文件 StdAfx.h 中加入数据库驱动

（5）在文件 sjk.cpp 的 BOOL CSjkApp::InitInstance() 中加入初始化语句，如图 2-64 所示。

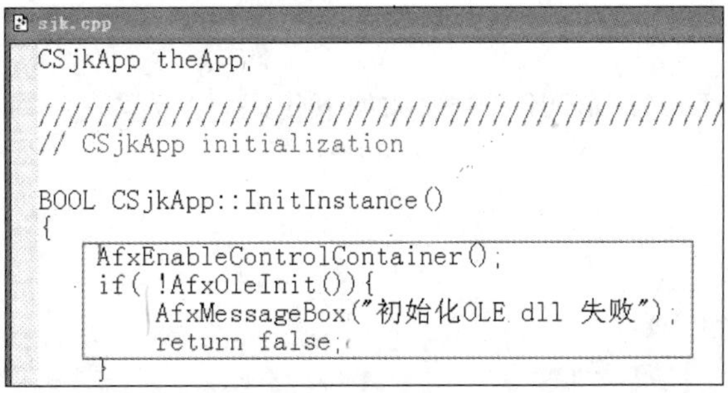

图 2-64 在文件 sjk.cpp 中加入初始化语句

（6）在"建立数据库 db 中的个人信息表"按钮的单击事件函数 void CSjkDlg∷OnButton1()中添加代码如下，用来建立数据表"个人信息"：

```
_ConnectionPtr m_pC;
m_pC.CreateInstance(__uuidof(Connection));
HRESULT hr;
try
{
    hr=m_pC.CreateInstance(__uuidof(Connection));
    if(SUCCEEDED(hr))
    {
        hr=m_pC->Open ( " Provider=Microsoft.Jet.OLEDB.4.0; Data Source
                        =db.mdb "," "," ", adModeUnknown);
    }
}
catch(_com_error * e)
{
    CString s;
    s.Format("连接数据库失败：%s", e->ErrorMessage());
    AfxMessageBox(s);
}
try {
    _variant_t RecordsAffected;
    CString  strSql;
    strSql.Format("CREATE TABLE 个人信息(学号 text,年龄 text)");
    m_pC->Execute((_bstr_t)strSql,&RecordsAffected,adCmdText);
    AfxMessageBox("创建成功!",MB_OK);
}
catch(_com_error * e)
{
    CString s;
    s.Format("出现错误：%s", e->ErrorMessage());
    AfxMessageBox(s);
}
```

（7）在 void CSjkDlg∷OnOK()中添加如下代码，向数据表中写入数据：

```
void CSjkDlg::OnOK()
{
    UpdateData();
    if(m_1.IsEmpty())
    {
        AfxMessageBox("学号不可以为空!");
        return ;
    }
```

```
_ConnectionPtr m_pC;
m_pC.CreateInstance(__uuidof(Connection));
_RecordsetPtr m_pR;
m_pR.CreateInstance(__uuidof(Recordset));
HRESULT hr;
try
{
    hr=m_pC.CreateInstance("ADODB.Connection");
    if(SUCCEEDED(hr))
    {
        hr=m_pC->Open("Provider=Microsoft.Jet.OLEDB.4.0;
                      Data Source=db.mdb","", "",adModeUnknown);
    }
}
catch(_com_error * e)
{
    CString s;
    s.Format("连接数据库失败：%s", e->ErrorMessage());
    AfxMessageBox(s);
}
try{
    m_pR->Open("SELECT * FROM  个人信息",m_pC.GetInterfacePtr(),
               adOpenDynamic,adLockOptimistic,adCmdText);
    m_pR->AddNew();
    m_pR->PutCollect("学号",_variant_t(m_1));
    m_pR->PutCollect("年龄",_variant_t(m_2));
    m_pR->Update();
    AfxMessageBox("添加数据成功!");
}
catch(_com_error * e)
{
    CString s;
    s.Format("出现错误：%s", e->ErrorMessage());
    AfxMessageBox(s);
}
int i=MessageBox("继续添加数据?", "提示", MB_OKCANCEL);
if(i==1)
{
    m_1="";
    m_2="";
    UpdateData(false);
    return;
}
CDialog::OnOK();
}
```

（8）运行程序，首先单击"建立数据库 db 中的个人信息"按钮来建立表，在文本框中写入数据，单击"确定添加"按钮，就可以把一个记录（两个字段）写入数据表中。

2.4 MFC 程序设计

Visual C++ 是一个复杂而庞大的程序设计软件，它基于 C 与 C++ 语言提供了众多的程序设计平台，如 C++ Source File、控制台程序、MFC 等，在这些平台中，MFC 是最优秀的，也是最常用的。实际上，把 MFC 称为类库更确切。在 MFC 中提供了完成各种工作需要的类，包括界面设计工作。本节主要介绍与界面设计有关的几个简单实例。

2.4.1 树状结构显示 MFC 的类

树状结构是很多软件系统经常使用的一种显示数据的结构，Visual C++ 也提供了多个该类控件。下面使用 Tree Control 控件设计完成例 2-20 和例 2-21。

【例 2-20】 制作一个简单的可以展开的树形结构图。

建立一个对话框项目，在对话框上安装 Tree Control 控件，然后再设置该树形控件的属性，如图 2-65 所示。

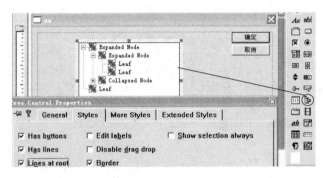

图 2-65 在对话框上安装一个树形控件并设置其属性

使用类向导为该树形控件设置成员变量 m_T。在 OnInitDialog 函数中写入下面所示的代码：

```
BOOL CAaDlg::OnInitDialog()
{
    CDialog::OnInitDialog();

    HTREEITEM r,r1,r2,r3,r4,r5,r6,r7,r8,r9,r10,r11,r12,r13,r14,r15;
    r=m_T.InsertItem("大连大学",0,1);
    r1=m_T.InsertItem("信息工程学院",0,1,r);
    r2=m_T.InsertItem("计算机科学与技术系",0,1,r1);
    r3=m_T.InsertItem("数学系",0,1,r1);
```

```
r4=m_T.InsertItem("自动化系",0,1,r1);
r5=m_T.InsertItem("电信系",0,1,r1);
r6=m_T.InsertItem("经管学院",0,1,r);
r7=m_T.InsertItem("企业管理学系",0,1,r6);
r8=m_T.InsertItem("世界经济系",0,1,r6);
r9=m_T.InsertItem("管理科学与工程系",0,1,r6);
r10=m_T.InsertItem("计科 071 班",0,1,r2);
r11=m_T.InsertItem("计科 072 班",0,1,r2);
r12=m_T.InsertItem("计科 073 班",0,1,r2);
r13=m_T.InsertItem("计科 074 班",0,1,r2);
r14=m_T.InsertItem("计科 075 班",0,1,r2);
r15=m_T.InsertItem("计科 076 班",0,1,r2);
//下面的代码是系统自动生成的代码
ASSERT((IDM_ABOUTBOX & 0xFFF0)==IDM_ABOUTBOX);
ASSERT(IDM_ABOUTBOX<0xF000);
CMenu * pSysMenu=GetSystemMenu(FALSE);
if (pSysMenu !=NULL)
{
    CString strAboutMenu;
    strAboutMenu.LoadString(IDS_ABOUTBOX);
    if (!strAboutMenu.IsEmpty())
    {
        pSysMenu->AppendMenu(MF_SEPARATOR);
        pSysMenu->AppendMenu(MF_STRING, IDM_ABOUTBOX, strAboutMenu);
    }
}
SetIcon(m_hIcon, TRUE);                    //Set big icon
SetIcon(m_hIcon, FALSE);                   //Set small icon
return TRUE;            //return TRUE unless you set the focus to a control
}
```

运行项目,展开节点后如图 2-66 所示。

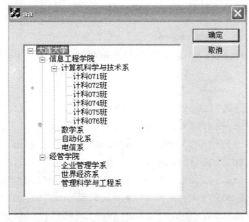

图 2-66　展开节点后的树形图

【例 2-21】　MFC 是一个类库，有着众多的类，下面使用树状结构显示其中的一些类。

首先建立一个对话框项目，在其上安装一个树形控件 Tree Control，如图 2-67 所示。为该树形控件添加成员变量 m_T。

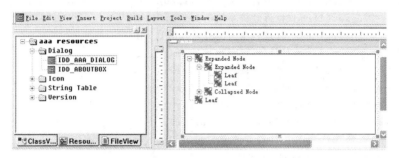

图 2-67　在对话框上安装一个树形控件

在 OnInitDialog 函数中写入下面所示的代码：

```
BOOL CAaaDlg::OnInitDialog()
{
    CDialog::OnInitDialog();
    CFont   m_font;
    m_font.CreateFont(              //这是一个函数,有众多的参数
        15,                         //nHeight       字体高度
        20,                         //nWidth        字体宽度
        0,                          //nEscapement   文本行的倾斜度
        0,                          //nOrientation  字符基线的倾斜度
        FW_NORMAL,                  //nWeight       字体的粗细
        FALSE,                      //bItalic       字体是否为斜体
        FALSE,                      //bUnderline    字体是否带下划线
        0,                          //cStrikeOut    字体是否带删除线
        ANSI_CHARSET,               //nCharSet      字体的字符集
        OUT_DEFAULT_PRECIS,         //nOutPrecision 字符的输出精度
        CLIP_DEFAULT_PRECIS,        //nClipPrecision 字符裁剪的精度
        DEFAULT_QUALITY,            //nQuality      字符的输出质量
        DEFAULT_PITCH  |FF_SWISS,
                //nPitchAndFamily  字符间距和字体族(低位说明间距,高位说明字符族)
        _T("Arial")  );             //lpszFacename  字体名称

    HTREEITEM r,r1,r11,r111,r1111,r11111,r12,r121,r122,r13,r131,r14,
            r15,r16,r17,r18,r19,r191,r1911,r19111,r191111,r192,r1a,
            r1a1,r1a11,r1a12,r1a13,r1a2,r1a21,r1a22,r1b,r2,r3,r1c,
            r1c1,r1c11,r1c12,r1c13,r1c14,r1c15,r1c2,r1c3,r1c31,
            r1c32,r1c33,r1c34,r1c35,r1c4,r1c41,r1c5,r1c51,r1c511,
            r1c512,r1c513,r1c514,r1c515,r1c5151,r1c5152,r1c5153,
            r1c5154,r1c5155,r1c5156,r1c51561,r1c5157,r1c5158,r1c516,
            r1c517,r1c52,r1c53,r1c531,r1c54,r1c6,r1c61,r1c611,
```

```
                    r1c612,r1c613,r1c614,r1c62,r1c621,r1c6211,r1c6212,
                    r1c6213,r1c6214,r1c6215,r1c7,r1c8,r1c81,r1c9,r1c91,
                    r1ca,r1cb,r1cc,r1cd,r1ce,r1cf,r1cf1,r1cf2,r1cg,r1ch,
                    r1ci,r1cj,r1ck,r1cl,r1cm,r1cn,r1co,r1cp,r1cq,r1cr,
                    r1cs,r1ct,r1cu,r1c62151;
r=m_T.InsertItem("CObject",0,1);
r1=m_T.InsertItem("CCmdTarget",0,1,r);
r11=m_T.InsertItem("CWinThread",0,1,r1);
r111=m_T.InsertItem("CWinApp",0,1,r11);
r1111=m_T.InsertItem("COleControlModule",0,1,r111);
r11111=m_T.InsertItem("user application",0,1,r1111);
r12=m_T.InsertItem("CDocTemplate",0,1,r1);
r121=m_T.InsertItem("CSingleCDocTemplate",0,1,r12);
r122=m_T.InsertItem("CMultiDocTemplate",0,1,r12);
r13=m_T.InsertItem("COleObjectFactory",0,1,r1);
r131=m_T.InsertItem("COleTemplateServer",0,1,r13);
r14=m_T.InsertItem("COleDataSource",0,1,r1);
r15=m_T.InsertItem("COleDropSource",0,1,r1);
r16=m_T.InsertItem("COleDropTarget",0,1,r1);
r17=m_T.InsertItem("COleMessageFilter",0,1,r1);
r18=m_T.InsertItem("CConnectionPoint",0,1,r1);
r19=m_T.InsertItem("CDocument",0,1,r1);
r191=m_T.InsertItem("COleDocument",0,1,r19);
r1911=m_T.InsertItem("COleLinkingDoc",0,1,r191);
r1911=m_T.InsertItem("COleServerDoc",0,1,r191);
r19111=m_T.InsertItem("CRichEditDoc",0,1,r1911);
r192=m_T.InsertItem("user documents",0,1,r19);
r1a=m_T.InsertItem("CDocItem",0,1,r1);
r1a1=m_T.InsertItem("COleClientItem",0,1,r1a);
r1a11=m_T.InsertItem("COleDocObjectItem",0,1,r1a1);
r1a12=m_T.InsertItem("CRichEditCntrItem",0,1,r1a1);
r1a13=m_T.InsertItem("user client items",0,1,r1a1);
r1a2=m_T.InsertItem("COleServerItem",0,1,r1a);
r1a21=m_T.InsertItem("CDocObjectServerItem",0,1,r1a2);
r1a22=m_T.InsertItem("user server items",0,1,r1a2);
r1b=m_T.InsertItem("CDocObjectServer",0,1,r1);
r1c=m_T.InsertItem("CWnd",0,1,r1);
r1c1=m_T.InsertItem("CFrameWnd",0,1,r1c);
r1c11=m_T.InsertItem("CMDIChilWnd",0,1,r1c1);
r1c11=m_T.InsertItem("user MDI windows",0,1,r1c11);
r1c12=m_T.InsertItem("CMDIFrameWnd",0,1,r1c1);
r1c11=m_T.InsertItem("user MDI workspaces",0,1,r1c12);
r1c13=m_T.InsertItem("CMiniFrameWnd",0,1,r1c1);
r1c14=m_T.InsertItem("user SDI windows",0,1,r1c1);
```

```
r1c15=m_T.InsertItem("COleIPFrameWnd",0,1,r1c1);
r1c2=m_T.InsertItem("CSplitterWnd",0,1,r1c);
r1c3=m_T.InsertItem("CControlBar",0,1,r1c);
r1c31=m_T.InsertItem("CDialogBar",0,1,r1c3);
r1c32=m_T.InsertItem("COleResizeBar",0,1,r1c3);
r1c33=m_T.InsertItem("CReBar",0,1,r1c3);
r1c34=m_T.InsertItem("CStatusBar",0,1,r1c3);
r1c35=m_T.InsertItem("CToolBar",0,1,r1c3);
r1c4=m_T.InsertItem("CPropertySheet",0,1,r1c);
r1c41=m_T.InsertItem("CPropertySheetEx",0,1,r1c4);
r1c5=m_T.InsertItem("CDialog",0,1,r1c);
r1c51=m_T.InsertItem("CCommonDialog",0,1,r1c5);
r1c511=m_T.InsertItem("CColorDialog",0,1,r1c51);
r1c512=m_T.InsertItem("CFileDialog",0,1,r1c51);
r1c513=m_T.InsertItem("CFindReplaceDialog",0,1,r1c51);
r1c514=m_T.InsertItem("CFontDialog",0,1,r1c51);
r1c515=m_T.InsertItem("COleDialog",0,1,r1c51);
r1c5151=m_T.InsertItem("COleBusyDialog",0,1,r1c515);
r1c5152=m_T.InsertItem("COleChangeIconDialog",0,1,r1c515);
r1c5153=m_T.InsertItem("COleChangeSourceDialog",0,1,r1c515);
r1c5154=m_T.InsertItem("COleConvertDialog",0,1,r1c515);
r1c5155=m_T.InsertItem("COleInsertDialog",0,1,r1c515);
r1c5156=m_T.InsertItem("COleLinksDialog",0,1,r1c515);
r1c51561=m_T.InsertItem("COleUpdateDialog",0,1,r1c5156);
r1c5157=m_T.InsertItem("COlePasteSpecialDialog",0,1,r1c515);
r1c5158=m_T.InsertItem("COlePropertiesDialog",0,1,r1c515);
r1c516=m_T.InsertItem("CPageSetupDiaiog",0,1,r1c51);
r1c517=m_T.InsertItem("CPrintDialog",0,1,r1c51);
r1c52=m_T.InsertItem("COlePropertyPage",0,1,r1c5);
r1c53=m_T.InsertItem("CPropertyPage",0,1,r1c5);
r1c531=m_T.InsertItem("CPropertyPageEX",0,1,r1c53);
r1c54=m_T.InsertItem("user dialog boxes",0,1,r1c5);
r1c6=m_T.InsertItem("CView",0,1,r1c);
r1c61=m_T.InsertItem("CCtrlView",0,1,r1c6);
r1c611=m_T.InsertItem("CEditView",0,1,r1c61);
r1c612=m_T.InsertItem("CListView",0,1,r1c61);
r1c613=m_T.InsertItem("CRichEditView",0,1,r1c61);
r1c614=m_T.InsertItem("CTreeView",0,1,r1c61);
r1c62=m_T.InsertItem("CScrollView",0,1,r1c6);
r1c621=m_T.InsertItem("user scroll views",0,1,r1c62);
r1c621=m_T.InsertItem("CFormView",0,1,r1c62);
r1c6211=m_T.InsertItem("user form views",0,1,r1c621);
r1c6212=m_T.InsertItem("CDaoRecordView",0,1,r1c621);
r1c6213=m_T.InsertItem("CHtmlView",0,1,r1c621);
```

```
r1c6214=m_T.InsertItem("COleDBRecordView",0,1,r1c621);
r1c6215=m_T.InsertItem("CRecordView",0,1,r1c621);
r1c62151=m_T.InsertItem("CRecordView",0,1,r1c6215);
r1c7=m_T.InsertItem("CAnimateCtrl",0,1,r1c);
r1c8=m_T.InsertItem("CButton",0,1,r1c);
r1c81=m_T.InsertItem("CBitmapButton",0,1,r1c8);
r1c9=m_T.InsertItem("CComboBox",0,1,r1c);
r1c91=m_T.InsertItem("CComboBoxEx",0,1,r1c9);
r1ca=m_T.InsertItem("CDateTimeCtrl",0,1,r1c);
r1cb=m_T.InsertItem("CEdit",0,1,r1c);
r1cc=m_T.InsertItem("CHeaderCtrl",0,1,r1c);
r1cd=m_T.InsertItem("CHotKeyCtrl",0,1,r1c);
r1ce=m_T.InsertItem("CIPAddressCtrl",0,1,r1c);
r1cf=m_T.InsertItem("CListBox",0,1,r1c);
r1cf1=m_T.InsertItem("CCheckListBox",0,1,r1cf);
r1cf2=m_T.InsertItem("CDragListBox",0,1,r1cf);
r1cg=m_T.InsertItem("CListCtrl",0,1,r1c);
r1ch=m_T.InsertItem("CMonthCalCtrl",0,1,r1c);
r1ci=m_T.InsertItem("COleControl",0,1,r1c);
r1cj=m_T.InsertItem("CProgressCtrl",0,1,r1c);
r1ck=m_T.InsertItem("CReBarCtrl",0,1,r1c);
r1cl=m_T.InsertItem("CRichEditCtrl",0,1,r1c);
r1cm=m_T.InsertItem("CScrollBar",0,1,r1c);
r1cn=m_T.InsertItem("CSliderCtrl",0,1,r1c);
r1co=m_T.InsertItem("CSliderCtrl",0,1,r1c);
r1cp=m_T.InsertItem("CSpinButtonCtrl",0,1,r1c);
r1cq=m_T.InsertItem("CStatic",0,1,r1c);
r1cr=m_T.InsertItem("CStatusBarCtrl",0,1,r1c);
r1cs=m_T.InsertItem("CTabCtrl",0,1,r1c);
r1ct=m_T.InsertItem("CToolTipCtrl",0,1,r1c);
r1cu=m_T.InsertItem("CTreeCtrl",0,1,r1c);
m_T.SetFont(&m_font);
    ...

}
```

编译运行项目,结果如图 2-68 所示。展开部分节点后如图 2-69 所示。

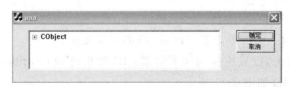

图 2-68　运行后出现根节点

例 2-21 中出现了很多 MFC 类,可以在完成该例的过程中熟悉一下这些类。该例的
程序比较冗长,可以考虑改进方法以设计出更好的程序。

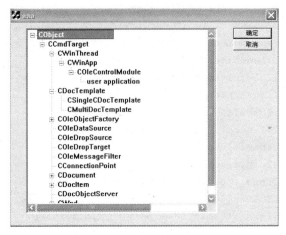

图 2-69　展开部分节点后的 MFC 类树状结构

2.4.2　制作计算器

下面在例 2-22 中，使用 MFC 的对话框项目设计实现一个简单的计算器。

【例 2-22】　简单计算器的制作。

（1）创建 MyCalculator 工程项目。

① 启动 Visual C++ 6.0，从 File 菜单中选择 New 菜单项。

② 在 New 对话框中选择 Project 标签，然后选择项目类型为 MFC AppWizard [exe]，填写项目名为 MyCalculator，项目存储在默认位置。

③ 单击 OK 按钮，弹出 MFC AppWizard 对话框，创建一个基于对话框的应用程序。

④ 单击 Finish 按钮。此时 Visual C++ 6.0 将显示 New Project Information 窗口，单击 OK 按钮，Visual C++ 6.0 就会创建一个 MyCalculator 项目以及相关的所有文件。

（2）在对话框编辑界面添加多个按钮与一个可编辑文本框，如图 2-70 所示。

图 2-70　在对话框上添加
　　　　　按钮与文本框

（3）设置控件属性，添加单击事件函数，添加成员变量。

在每个控件上右击，设置控件的两个要素：ID 标识符和 Caption 文本，其中，Caption 文本如图 2-70 所示，ID 如图 2-71 所示。

其中最后一个 IDC_DISPLAY 是可编辑文本框，其他都是 Button 按钮。

图 2-71 是截取文件 Resource.h 的一部分，这些代码是安装控件并为控件设置完属性后由 Visual C++ 自动生成的。

接下来用 MFC ClassWizard 为对话框 IDD_MYCALCULATOR_DIALOG 中的所

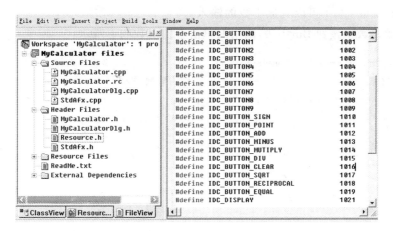

图 2-71　各个按钮与文本框的 ID

有按钮添加 BN_CLICKED(单击)事件处理函数，每个事件函数在 MyCalculatorDlg.h 中都能够找到，如图 2-72 所示。

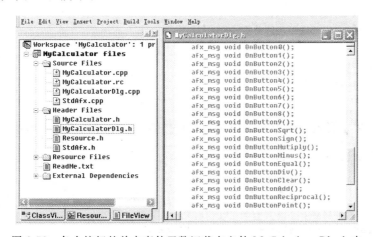

图 2-72　各个按钮的单击事件函数记载在文件 MyCalculatorDlg.h 中

　　为了能够在程序运行过程中将输入的数据和计算的结果在编辑框中显示，必须为它引入一个变量，从而能够使编辑框以变量的形式出现在程序中。这就是要给可编辑文本框添加一个成员变量，具体操作是：在类向导 MFC ClassWizard 的对话框中选择 Member Variable 标签(选项卡)，为 IDC_DISPLAY 编辑框添加 CString 类型的成员变量，变量名为 m_display。

　　(4) 为数字按钮的单击事件函数添加代码。

　　① 单击数字按钮，就是要输入数字。

　　② 输入整数数字时使用语句 m_second＝m_second * 10＋N，其中 N 是单击的数字，m_second 是一个能被各个单击事件函数共同使用的全局变量，这样就可以实现输入整数的功能。

　　③ 当单击"小数点"按钮后，输入小数时，使用语句 m_second＝m_second＋N * m_

coff 与 m_coff * = 0.1 可以完成小数的输入。

例如，单击数字按钮 Button0，调用的单击事件函数如下所示：

```
void CMyCalculatorDlg::OnButton0()
{    if( m_coff==1.0)                   //作为整数输入
        m_second=m_second*10+0;
    else                               //作为小数输入
    {
        m_second=m_second+0*m_coff;
        m_coff*=0.1;
    }
    UpdateDisplay(m_second);           //更新编辑框的数据显示
}
```

其他的数字单击事件函数与上面类似。

（5）为运算符（＋、－、*、/）按钮的消息响应函数添加代码。

以单击"＋"运算符为例，在事件函数中编写如下代码：

```
void CMyCalculatorDlg::OnButtonAdd()
{
    Calculate();
    m_operator="+";
}
```

该函数调用了自定义函数 Calculate()，函数 Calculate()代码如下所示：

```
void CMyCalculatorDlg::Calculate(void)
{
    switch(m_operator.GetAt(0))
    {
        case '+': m_first +=m_second;break;
        case '-': m_first -=m_second;break;
        case '*': m_first *=m_second;break;
        case '/': if(fabs(m_second)<=0.0000001)
        {
            m_display="除数不能为零";
            UpdateData(false);   return;
        }
        m_first /=m_second;break;
    }
    m_second=0.0;
    m_coff=1.0;
    UpdateDisplay(m_first);            //更新编辑框的显示内容
}
```

该函数调用了自定义函数 UpdateDisplay()，函数 UpdateDisplay()代码如下所示：

```
void CMyCalculatorDlg::UpdateDisplay(double lVal)
{
    m_display.Format(_T("%f"),lVal);        //使用了文本框的成员变量 m_display
    int i=m_display.GetLength();            //取 CString 变量 m_display 中字符的个数
    //格式化输出,将输出结果后的零全部截去
    while(m_display.GetAt(i-1)=='0')
    {
        m_display.Delete(i-1,1);
        i--;
    }
    UpdateData(false);                      //更新显示编辑框变量 m_display
}
```

其他按钮的单击事件函数的代码与上面类似。

（6）为等号"＝"按钮单击事件函数添加代码：

```
void CMyCalculatorDlg::OnButtonEqual()
{
    Calculate();
    m_first   =0.0;
    m_operator="+";
}
```

当单击"＝"时,调用函数 Calculate(),计算后,设置变量 m_first 为 0,并设置运算符为"＋"。

（7）在 OnButtonSqrt() 函数中编写代码如下：

```
void CMyCalculatorDlg::OnButtonSqrt()
{
    m_second=sqrt(m_second);
    UpdateDisplay(m_second);
}
```

（8）为"C"按钮的单击事件函数编写代码：

```
void CMyCalculatorDlg::OnButtonClear()
{   m_first=0.0;
    m_second=0.0;
    m_operator="+";
    m_coff=1.0;
    UpdateDisplay(0.0);
}
```

（9）为"1/X"按钮的单击事件函数编写代码：

```
void CMyCalculatorDlg::OnButtonReciprocal()
```

```
{
    if(fabs(m_second)<0.000001)
    {
        m_display="除数不能为零";
        UpdateData(false);
        return;
    }
    m_second=1.0/m_second;
    UpdateDisplay(m_second);
}
```

（10）为"."按钮的单击事件函数编写代码：

```
void CMyCalculatorDlg::OnButtonPoint()
{
    m_coff=0.1;
}
```

（11）为"＋/－"按钮的单击事件函数编写代码：

```
void CMyCalculatorDlg::OnButtonSign()
{
    m_second=-m_second;
    UpdateDisplay(m_second);
}
```

接下来，还要为其他按钮编写代码，最后完成程序设计工作。

另外，必须要做的工作还有定义全局变量以及声明函数，以供其他有关类或函数使用，定义后的结果如图 2-73 所示。变量一般直接写在该头文件中即可，函数也可以使用类向导等添加到类中，添加后会自动声明在程序中。

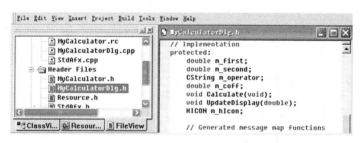

图 2-73　在文件 MyCalculatorDlg.h 中定义变量与声明函数

使用程序代码与使用向导本质上可以完成同一个工作，熟悉这两种方法，可以加深对 Visual C++ 软件的理解。

最后，不要忘记把 math.h 头文件 include 进来！因为开方函数 sqrt 要使用 math.h 头文件。

完成上述的一系列工作后，编译并运行，就可以实现加减乘除等运算。例如，单击"2"

按钮输入 2,再单击"/"按钮输入除号(不显示),然后输入 3,最后单击"＝"按钮,结果如图 2-74 所示。

注意:用 MFC ClassWizard 为对话框中某按钮的 BN_CLICKED 事件添加消息处理函数时,MFC ClassWizard 自动完成了以下的事情:

(1) 在类的定义文件 MyCalculatorDlg.h 中添加了消息响应函数的函数原型(声明);

(2) 在类的实现文件 MyCalculatorDlg.cpp 中添加了函数体(为空函数,等待程序员填写代码);

(3) 在类的实现文件 MyCalculatorDlg.cpp 中添加了消息映射(自动进行系统内的一些消息连接,一般不需要程序员改动)。

例 2-22 介绍的计算器比较简单,可以在其上添加许多功能。

【例 2-23】 修改例 2-22 程序,为其添加更多的功能。

(1) 添加计算正弦函数值的功能。

首先在对话框编辑界面上添加一个按钮,设置其 Caption 为 sin,双击该按钮添加单击事件函数,在其单击事件函数中填写如下代码:

```
void CMyCalculatorDlg::OnButton10()
{
    m_second=sin(m_second);
    UpdateDisplay(m_second);
}
```

编译并运行,输入 3.14,然后单击"sin"按钮,就会计算出 sin(3.14)的值,如图 2-75 所示。

图 2-74　计算 2 除以 3 的结果

图 2-75　计算 3.14 的正弦值

(2) 添加菜单计算三角函数值。

目标是在界面上添加一个按钮,单击按钮后弹出菜单,菜单上有计算正弦、余弦和正切等子菜单项,单击子菜单项就可以计算文本框中的数的三角函数值。具体设计过程如下。

首先在计算器界面上添加一个按钮,设置其 Caption 为"三角函数",ID 为默认的 IDC

_BUTTON11。在其上右击，选择 Events，为其添加单击事件函数与双击事件函数，如图 2-76所示。

(a) 在快捷菜单上选择Events选项　　　　　　(b) 为按钮添加单击与双击事件函数

图 2-76　为按钮添加事件函数

在对话框上添加菜单，菜单构成如图 2-77 所示。

图 2-77　设计三角函数菜单

设计完菜单后，进入类向导，一般会弹出对话框，提示选择一个类，以便把菜单资源归属于该类。这里选择了类 CMyCalculatorDlg，如图 2-78 所示。

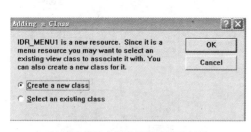 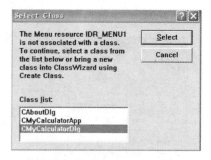

(a) 确定是建立新类还是选择已有类　　　　　(b) 选择了类CMyCalculatorDlg

图 2-78　为菜单选择附属于哪个类

接下来在按钮与菜单项的单击事件函数中填写代码，如下所示：

```
void CMyCalculatorDlg::OnButton11()
{
    M.LoadMenu(IDR_MENU1);
    SctMenu(&M);
}
```

```
void CMyCalculatorDlg::Oncos()
{
    m_second=cos(m_second);
    UpdateDisplay(m_second);
}
void CMyCalculatorDlg::Onsin()
{
    m_second=sin(m_second);
    UpdateDisplay(m_second);
}
void CMyCalculatorDlg::Ontan()
{
    m_second=tan(m_second);
    UpdateDisplay(m_second);
}
```

最后，在文件 MyCalculatorDlg.cpp 的前部定义 CMenu 类型的对象 M，如图 2-79 所示。在此处定义对象 M 的目的是为了后面的函数都可以使用该对象。

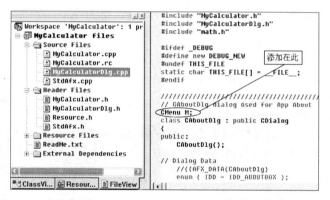

图 2-79　在文件 MyCalculatorDlg.cpp 的各函数前面定义全局变量

编译并运行，输入数值，例如输入 3.1415926（文本框只能显示 3.141593），单击"三角函数"按钮，弹出菜单，选择 cos 菜单项，就会计算出 3.141593 的余弦值，如图 2-80 所示。

(a) 添加按钮与菜单后的运行界面　　(b) 单击"三角函数"按钮弹出菜单

图 2-80　带三角函数功能的计算器运行界面及运算实例

自动添加菜单实现了，不过，还继续改进程序，例如双击按钮"三角函数"就取消（或者叫隐去）菜单，这样可能会好些。

这个计算器还存在一些可以改进的地方，假如能够记录每一步的输入，并在编辑文本框上显示出来，也就是显示计算表达式，有时候是必要的。如输入 23＋12，在显示的编辑框里显示 23＋12，单击等号就出现 23＋12＝35。这些工作留做习题。

2.4.3 键盘和鼠标程序设计

键盘和鼠标编程是 Visual C++ 最基本的功能，也是最常用的功能之一，下面通过两个例子分别介绍键盘和鼠标程序设计。

【例 2-24】 设计程序，按下上下左右键移动图形。

首先建立单文档项目，命名为 draw。

在文件 drawView. cpp 各个函数定义的前面加入下面的全局变量定义：

```
int x; int y; CPoint pt; CString str;
```

在 OnDraw 函数中（OnDraw 函数在 drawView. cpp 中）加入下面语句：

```
CBrush brush, * oldbrush;
    brush.CreateSolidBrush(RGB(x+50,y+100,x+y));
    oldbrush=pDC->SelectObject(&brush);
    pDC->Ellipse(x+100,y+100,x,y);
    pDC->SelectObject(oldbrush);
    pDC->TextOut(10,10,"请使用键盘的上、下、左、右键控制小球移动!");
    pDC->TextOut(pt.x+10,pt.y-10,str);
```

进入类向导，在 drawView. cpp 中加入 OnKeyDown 事件函数，如图 2-81 所示。

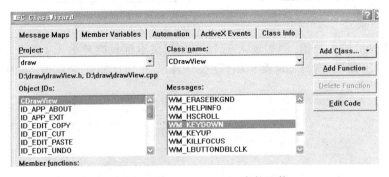

图 2-81 添加 OnKeyDown 事件函数

在 OnKeyDown 事件函数中添加下面的代码：

```
switch(nChar)
{
    case VK_LEFT:     {x-=10; pt.x=x;}     break;
    case VK_RIGHT:    {x+=10; pt.x=x;}     break;
```

```
case VK_UP:        {y-=10; pt.y=y;}        break;
case VK_DOWN:      {y+=10; pt.y=y;}        break;
}
Invalidate();
```

运行程序后,按下上下左右键,就可以移动小球,小球在移动的过程中颜色也随之改变,如图 2-82 所示。

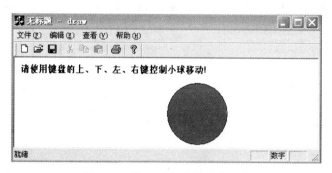

图 2-82　按上下左右键移动小球

【例 2-25】　使用鼠标绘制图形。

在鼠标移动事件函数中添加下面的代码:

```
CClientDC dc(this);
dc.MoveTo(point.x,point.y);
dc.SetPixel(point.x,point.y,0);
```

程序运行后,只要移动鼠标就在当前位置绘制一个点,能够实现类似于使用鼠标书写的功能,如图 2-83 所示。不过由于点太小,画点的效果不好,可以使用画笔来改变点的大小。

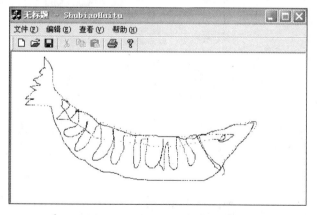

图 2-83　移动鼠标绘制图形

上面例 2-25 的程序代码少,如此简单的操作就可以实现一个非常有趣的绘图功能,是一个难得的教学实例。不过,该绘图功能有一个缺点,就是鼠标移动就不停地画,不能停止,只能绘制一笔画。现在,修改上面程序,使得单击鼠标后开始绘图,再单击鼠标后停止绘图。

在该视图文件的前部各个函数前定义 int k＝0;。

在单击事件函数中加入语句 k++，让每次单击鼠标时，k 值增加 1。

在鼠标移动事件函数中加入一个分支条件语句，判断 k 的奇偶。当 k 是奇数时，可以绘制；当 k 是偶数时，不可以绘制，如图 2-84 所示。

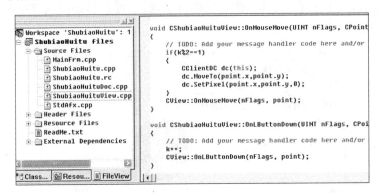

图 2-84　在鼠标移动事件和单击事件中加入语句

习题

1. 修改例 2-1，保持其代码不变，加入两个可编辑文本框，取代两个静态文本框，名字仍然为 IDC_T 与 IDC_F，再修改两个命令按钮的 Caption，实现同样的显示磁盘剩余空间大小的功能，运行后如图 2-85 所示。

图 2-85　在可编辑文本框上显示磁盘信息

2. 修改例 2-1，参考例 2-2 的消息对话框的使用方法，使用消息对话框显示磁盘信息，如图 2-86 所示。该习题不用添加文本框，也可以省去程序中有关文本框的语句。

图 2-86　使用消息对话框显示磁盘信息

3. 修改例 2-3 程序,使得当单击"文件"→"新建"→"文本文件"后,弹出有一个可编辑文本框的对话框,如图 2-87 所示。在该文本框中输入文件路径与文件名,就可以传给程序中的变量 f,然后把文件建立在该路径下。

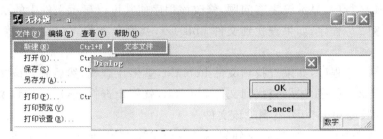

图 2-87 使用对话框输入文件路径与文件名

提示:在这个项目的修改过程中,需要建立一个对话框类,还需要为可编辑文本框定义一个字符串类型的成员变量,如图 2-88 与图 2-89 所示。

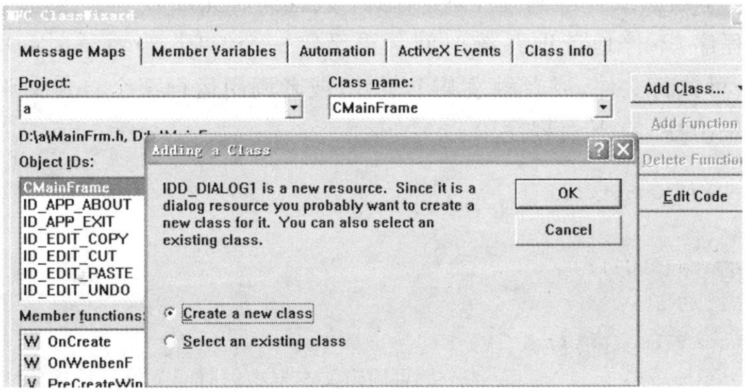

图 2-88 为对话框加入一个对话框类 D

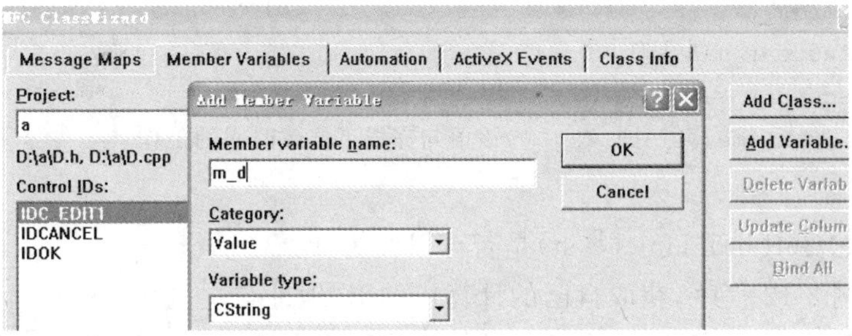

图 2-89 给可编辑文本框添加一个成员变量 m_d

然后,在函数 OnWenbenF() 所在的文件的前面的加入下面的语句,引入头文件:

#include "D.h"

在函数 OnWenbenF() 的语句 f="E:bbb.txt";的前面加上下面几个语句:

D d;

```
d.DoModal();
f=d.m_d;
//f="E:bbb.txt";        把这个语句注释掉
```

4. 例 2-4 运行后，显示汉字有问题，修改该程序使其可以显示文件中的汉字。

5. 修改例 2-7 程序，如果查找到文件 bbb.txt，就停止查找，然后在文档中显示该文件的信息。

6. 修改例 2-7 程序，如果查找到文件 bbb.txt，就停止查找，然后删除该文件。

7. 修改例 2-7 程序，如果查找到文件 bbb.txt，就停止查找，然后返回该文件的长度。如果该文件的长度大于 50B，就删除该文件。

8. 修改例 2-7 程序，如果查找到目录 D：\qq，就停止查找，在该目录下建立文件 bbb.txt，然后退出程序。

9. 修改例 2-8 程序，使得该项目运行后可以在 Windows 系统下调用可执行文件 cmd.exe，弹出命令提示符窗口。

10. 编写一个绘图或者动画程序，使用多个线程同时完成多个工作。

11. 设计程序，不停地读取系统时间。再设定一个时间，当系统时间等于设定时间时，就调用某个可执行文件，或者触发某个事件，或者调用运行某个自定义函数。

12. 在例 2-10 中，有下面程序段：

```
void CTimeDlg::OnButton2()
{
    UpdateData(TRUE);
    SYSTEMTIME st;
    ::GetLocalTime(&st);
    st.wYear=m_y;                    //把可编辑文本框中的时间赋值给结构体变量 st
    st.wMonth=m_m;
    st.wDay=m_d;
    st.wHour=m_h;
    st.wMinute=m_mi;
    st.wSecond=m_s;
    ::SetLocalTime(&st);            //该语句完成了修改时间的工作
}
```

删除语句::GetLocalTime(&st)是否可以？为什么？

13. 运行例 2-12 程序，获取自己的计算机的 IP 地址与主机名。

14. 运行例 2-13 程序，观察自己的计算机是否也在搜索到的计算机列表中。

15. 为了能够多次通信，把例 2-14 中的客户端程序修改为下面所示，程序可以运行，但是存在问题。调试程序，使其能够与该例中的服务器程序进行多次通信。

```
#include<Winsock2.h>
#include<iostream.h>
#pragma comment(lib,"ws2_32.lib")
void main()
```

```
{
    WORD wRequest;
    WSADATA wsaData;
    wRequest=MAKEWORD(1,1);
    WSAStartup(wRequest,&wsaData);
    SOCKET sockClient=socket(AF_INET,SOCK_STREAM,0);
    SOCKADDR_IN addrSrv;
    addrSrv.sin_addr.S_un.S_addr=inet_addr("127.0.0.1");
    addrSrv.sin_family=AF_INET;
    addrSrv.sin_port=htons(9000);
    connect(sockClient,(SOCKADDR*)&addrSrv,sizeof(SOCKADDR));
    char recvBuf[100];int k=0;
    while(k<5){
    recv(sockClient,recvBuf,100,0);
    cout<<recvBuf<<endl;
    char content[256];
    cin>>content;
    send(sockClient,content,strlen(content)+1,0);
    closesocket(sockClient);
    WSACleanup();k++;}
}
```

16. 例 2-15 中的程序还存在问题，最主要的问题是：需要客户端先发送信息，服务器收到后，在服务器上输入信息才可以发送到客户端上。修改程序解决这个问题。

17. 修改例 2-15 程序，使得两个客户端之间可以通过服务器互相通信。

18. 建立 MFC 项目，从实现方法上修改例 2-15 程序，使其客户端与服务器能够通过界面进行通信。

19. 继续完善例 2-17 中的项目，使其能够修改记录和添加记录。

20. 修改例 2-18 项目，单击某个按钮，使其能够有选择地显示记录或者显示记录的某些字段。

21. 把数据库文件放在工作区中，在 Visual C++ 环境下可以运行程序。但是在运行 Debug 文件夹中的 exe 文件时提示出错，这时把数据库文件加入 Debug 文件中，如图 2-90 所示，就可以运行程序了。分析原因。

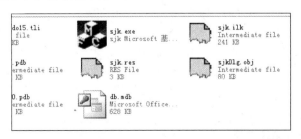

图 2-90　把数据库文件放入到 Debug 文件中

22. 修改例 2-23 程序,使得双击"三角函数"按钮就会隐去(或者叫做取消)三角函数菜单。

23. 例 2-23 的计算器还存在一些可以改进的地方,例如能够记录每一步的输入,即在编辑文本框上显示出计算表达式。如输入 23+12,在显示的编辑框中显示 23+12,单击等号就出现 23+12=35。修改程序,完成这一工作。

24. 在例 2-25 中,变量 k 是有范围的,如果单击次数太多,就会出现问题。如何修改程序解决这个问题?

25. 查找资料,修改例 2-25 程序,使得可以选择绘画的颜色与线型。

第 3 章　Visual C++ 软件开发

第 2 章介绍了 Visual C++ 程序设计的一些最基本的内容,初学者一般都是从 Visual C++ 程序设计到 Visual C++ 软件制作,再到系统开发,逐步熟悉、掌握到熟练使用 Visual C++ 这一软件系统开发工具的。本章介绍一些较复杂的程序设计,包括界面制作、算法设计与实现、数据库设计与操作等内容,这里称为软件制作。通过本章的学习,可以初步了解 Visual C++ 软件开发的简单过程。

3.1　学生信息录入

本节通过一个学生信息录入实例介绍 Visual C++ 界面制作、控件(事件)编程、读写文本文件、连接并操作数据库等内容。

3.1.1　界面制作

因为大多数软件系统都给操作人员提供可交互操作的界面,所以界面制作是软件开发的一项基本工作。例 3-1 设计了一个学生信息录入的界面。

【例 3-1】　建立基于对话框的项目,使用 Visual C++ 的各种控件制作一个简单的学生信息录入界面。

(1)建立项目,然后在对话框上添加各种控件,并设置其 ID 名称以及 Caption(显示在界面上的名称)。

使用 MFC AppWizard[exe]建立一个基于对话框的 MFC 项目,命名为 yushuo10。

默认是对话框界面编辑窗口,在对话框上添加控件并设置其 ID 等。

加入一个静态文本框,设置其 Caption 为"姓名",加入一个可编辑文本框,其 ID 为 IDC_YS_NAME。

加入一个 Group Box,设置其 Caption 为"性别",在其中加入两个 Radio Button:一个为"男",ID 为 IDC_YS_MAN;一个为"女",ID 为 IDC_YS_WOMAN。

加入一个可编辑文本框,ID 为 IDC_YS_AGE,用来录入年龄,在其右边加入一个垂直滚动条(Vertical Scroll Bar),设置其 ID 为 IDC_YS_SPIN。

加入一个 Group Box,设置其 Caption 为"所学语种",在其中加入 3 个 Check Box,分别为"英语"、"日语"和"俄语",ID 分别为 IDC_YS_ENGLISH、IDC_YS_JAPANESE 和 IDC_YS_RUSSIAN。

加入一个 Combo Box,设置其 ID 为 IDC_YS_PLTLANDSCAPE,用来选择政治面貌。

加入一个 List Box,设置其 ID 为 IDC_YS_POSITION,用来选择班内职务。

加入一个 Slider，设置其 ID 为 IDC_YS_GRADES，设计程序后，滑动该 Slider 可以显示成绩排名。

保留对话框原有的"确定"按钮，其 ID 仍为 IDOK。修改"取消"按钮的 ID 为 IDC_YS _SHOWMSG，Caption 为"显示信息"。

（2）为相关控件添加成员变量。

为组合框"政治面貌"添加成员变量 m_ccPltlandscape_ys。

为列表框"班内职务"添加成员变量 m_clPosition_ys。

为可编辑文本框"年龄"添加成员变量 m_nAge_ys。

为单选按钮"男"添加成员变量 m_nMan_ys。

为年龄的垂直滚动条添加成员变量 m_csSpin_ys。

为滑块"成绩排名"添加成员变量 m_cslGrades_ys。

（3）在对话框的初始化程序中设计代码。

打开文件 yushuo10Dlg. cpp，在其 OnInitDialog 函数后部添加初始化代码，如下所示：

```
BOOL CYushuo10Dlg::OnInitDialog()
{
    ...
    //TODO: Add extra initialization here
    m_ccPltlandscape_ys.AddString("群众");
    m_ccPltlandscape_ys.AddString("团员");
    m_ccPltlandscape_ys.AddString("预备党员");
    m_ccPltlandscape_ys.AddString("党员");
    m_ccPltlandscape_ys.SetCurSel(0);
    m_clPosition_ys.AddString("无");
    m_clPosition_ys.AddString("班长");
    m_clPosition_ys.AddString("副班长");
    m_clPosition_ys.AddString("团支书");
    m_clPosition_ys.AddString("文艺委员");
    m_clPosition_ys.AddString("体育委员");
    m_clPosition_ys.AddString("学习委员");
    m_clPosition_ys.AddString("宣传委员");
    m_clPosition_ys.AddString("组织委员");
    m_nAge_ys=20;
    m_nMan_ys=0;
    UpdateData(FALSE);
    m_csSpin_ys.SetRange(0,1000);
    m_cslGrades_ys.SetRange(0,1000);
    m_cslGrades_ys.SetPos(0);

    return TRUE;
}
```

（4）编译并运行项目。

程序运行后,可以直接显示出一些控件的初始化信息,如图 3-1 所示。

事实上,Visual C++ 提供了强大的程序设计功能,并且尽可能使程序高效简洁。

【**例 3-2**】　修改例 3-1 的对话框项目,单击"显示信息"按钮,可以弹出消息对话框显示刚输入的学生信息。

(1) 添加事件函数。

打开类向导对话框,为"显示信息"按钮添加单击 BN_CLICKED 事件,为滑块"成绩排名"IDC_YS_GRADES 添加释放事件 NM_RELEASEDCAPTURE。

(2) 为"显示信息"按钮添加单击事件函数,在该函数中添加如下代码:

图 3-1　程序运行后的初始化界面

```
void CYushuo10Dlg::OnYsShowmsg()
{
    //TODO: Add your control notification handler code here
    UpdateData(TRUE);
    CString Info;
    if(m_cName_ys.IsEmpty())
    {
        AfxMessageBox("请输入姓名!");
    }
    else
    {
        Info="姓名: "+m_cName_ys+"\n";
        CString temp;
        temp.Format("%d",m_nAge_ys);
        Info+="年龄: "+temp+"\n";
        if(m_nMan_ys==0)
        {
            Info+="性别:男 \n";
        }
        else
        {
            Info+="性别:女 \n";
        }
        m_ccPltlandscape_ys.GetWindowText(temp);
        Info+="政治面貌: "+temp+"\n";
        int i=m_clPosition_ys.GetCurSel();
        if(i!=-1)
        {
            m_clPosition_ys.GetText(i,temp);
```

```
            Info+="职务"+temp+"\n";
        }
        temp.Format("%d",m_cslGrades_ys.GetPos());
        Info+="年级排名："+temp+"\n";
        temp="";
        if(m_bEnglish_ys)
            temp+="英语";
        if(m_bJapanese_ys)
            temp+="日语";
        if(m_bRussian_ys)
            temp+="俄语";
        if(temp.IsEmpty())
        {
            AfxMessageBox("所学语种必须选择至少一项！");
        }
        else
        {
            Info+="语种:"+temp;
            AfxMessageBox(Info);
        }
    }
}
```

（3）在滑块"成绩排名"IDC_YS_GRADES 的释放函数中添加代码，如下所示：

```
void CYushuo10Dlg::OnReleasedcaptureYsGrades(NMHDR * pNMHDR,
                                              LRESULT * pResult)
{
    //TODO: Add your control notification handler code here
    CString Info;
    Info.Format("%d",m_cslGrades_ys.GetPos());
    m_csGradesval_ys.SetWindowText(Info);
    * pResult=0;
}
```

（4）编译并运行项目，输入学生信息，然后单击"显示信息"按钮，弹出显示信息的消息框，如图 3-2 所示。

3.1.2　将录入的信息写入文件

在例 3-2 中，输入的信息可以显示在消息框中，却没有保存起来，没有存储在硬盘等外设中，所以当程序退出后，输入的信息就消失了。下面继续修改例 3-2 项目，使其能够

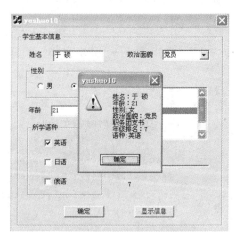

图 3-2　单击"显示信息"按钮显示输入的信息

把输入的信息存储在文本文件中。

【例 3-3】　修改例 3-2 中的项目，添加程序代码，存储从界面输入的信息。

在本例中，在"确定"按钮的单击事件函数中添加程序，把输入的学生信息写入一个文本文件。

打开或者导入例 3-2 的项目，进入程序设计窗口，打开程序 Yushuo10Dlg.cpp，找到 OnOK 函数，写入下面的代码：

```cpp
void CYushuo10Dlg::OnOK()
{
    //TODO: Add extra validation here

    UpdateData(TRUE);
    CString Info;
    if(m_cName_ys.IsEmpty())
    {
        AfxMessageBox("请输入姓名!");
    }
    else
    {
        Info="姓名: "+m_cName_ys+"\n";
        CString temp;
        temp.Format("%d",m_nAge_ys);
        Info+="年龄: "+temp+"\n";
        if(m_nMan_ys==0)
        {
            Info+="性别:男\n";
        }
        else
        {
            Info+="性别:女\n";
        }
        m_ccPltlandscape_ys.GetWindowText(temp);
        Info+="政治面貌: "+temp+"\n";
        int i=m_clPosition_ys.GetCurSel();
        if(i!=-1)
        {
            m_clPosition_ys.GetText(i,temp);
            Info+="职务"+temp+"\n";
        }
        temp.Format("%d",m_cslGrades_ys.GetPos());
        Info+="年级排名: "+temp+"\n";
        temp="";
        if(m_bEnglish_ys)
            temp+="英语";
```

```
    if(m_bJapanese_ys)
        temp+="日语";
    if(m_bRussian_ys)
        temp+="俄语";
    if(temp.IsEmpty())
    {
        AfxMessageBox("所学语种必须选择至少一项!");
    }
    else
    {
        Info+="语种:"+temp+"\n";
        AfxMessageBox(Info);
    }
}
FILE * p;
char c;
if((p=fopen("f1.txt","a"))==NULL)
{
    printf("cannot open file\n");
    exit(0);
}
for(int i=0;i<strlen(Info);i++)
{
    c=Info[i];
    fputc(c,p);
}
fclose(p);

CDialog::OnOK();
}
```

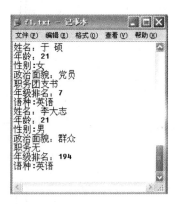

图 3-3　单击"确定"按钮将信息
写入文件

编译运行项目，填写学生信息，然后单击"确定"按钮，除了弹出消息对话框显示输入的信息外，信息也写入文本文件 f1.txt 中，打开该文件，如图 3-3 所示。文件 f1.txt 存储在项目文件夹中。

有很多软件系统把信息存储在文本文件中，但是更多的是把这类信息存储在数据库表中。下面研究如何把输入的信息存储在数据库表中。

3.1.3　信息存入数据库

作为一个实用的软件系统，输入的信息应该存入数据库表中。下面研究如何在例 3-3 的程序中添加程序代码，通过 ODBC 数据源把输入的信息写到 Access 数据库表中。

【例 3-4】 修改例 3-3 中的项目,添加程序代码,把界面输入的信息存储到数据库表中。

首先,使用 Access 建立一个数据库,命名为 db1,建立在当前工作目录中。在数据库 db1 中建立一个表,名为 biao1,一共有 7 个字段,如图 3-4 所示。

图 3-4 建立数据表

把下面的语句写在对话框类的头部,以便能够连接并操作 Access 数据库表:

```
#import "C:\Program Files\Common Files\System\ado\msado15.dll" no_namespace
        rename("EOF","EndOfFile") rename("BOF","FirstOfFile")
```

在对话框类的定义中 public 变量定义处写入下面的语句,用来定义数据库连接对象与数据库记录集对象:

```
_ConnectionPtr m_pCon;
_RecordsetPtr m_pRs;
```

在 BOOL CYushuo10Dlg∷OnInitDialog()中的注释语句// TODO：Add extra initialization here 的下面写入以下初始化语句段,用来连接数据库表:

```
::CoInitialize(NULL);
_variant_t vFieldValue;
m_pCon.CreateInstance(__uuidof(Connection));
m_pCon->Open("db1","","",NULL);
m_pRs.CreateInstance(__uuidof(Recordset));
m_pRs->Open("select * from biao1",m_pCon.GetInterfacePtr(),adOpenDynamic,
        adLockOptimistic,adCmdText);
UpdateData(FALSE);
```

修改 OnOK 函数,如下所示:

```
void CYushuo10Dlg::OnOK()
{
    //TODO: Add extra validation here
    UpdateData(TRUE);
    m_pRs->MoveLast();
    CString Info;
    _variant_t vFieldName,vFieldValue;
    vFieldName.SetString("xm");
    Info.Format("%s",m_cName_ys);
    vFieldValue.SetString(Info);
    m_pRs->Update(vFieldName,vFieldValue);
```

```
vFieldName.Clear();
vFieldValue.Clear();
vFieldName.SetString("nl");
Info.Format("%d",m_nAge_ys);
vFieldValue.SetString(Info);
m_pRs->Update(vFieldName,vFieldValue);
vFieldName.Clear();
vFieldValue.Clear();
vFieldName.SetString("xb");
if(m_nMan_ys==0)
{
    Info="男";
}
else
{
    Info="女";
}
vFieldValue.SetString(Info);
m_pRs->Update(vFieldName,vFieldValue);
vFieldName.Clear();
vFieldValue.Clear();
vFieldName.SetString("zzmm");
m_ccPltlandscape_ys.GetWindowText(Info);
vFieldValue.SetString(Info);
m_pRs->Update(vFieldName,vFieldValue);
vFieldName.Clear();
vFieldValue.Clear();
vFieldName.SetString("zw");
int i=m_clPosition_ys.GetCurSel();
if(i!=-1)
{
    m_clPosition_ys.GetText(i,Info);
}
vFieldValue.SetString(Info);
m_pRs->Update(vFieldName,vFieldValue);
vFieldName.Clear();
vFieldValue.Clear();
vFieldName.SetString("njpm");
Info.Format("%d",m_cslGrades_ys.GetPos());
vFieldValue.SetString(Info);
m_pRs->Update(vFieldName,vFieldValue);
vFieldName.Clear();
vFieldValue.Clear();
vFieldName.SetString("yz");
```

```
Info="";
if(m_bEnglish_ys)
    Info.Format("%s","English");
if(m_bJapanese_ys)
    Info.Format("%s","Jap");
if(m_bRussian_ys)
    Info.Format("%s","Rus");
if(Info.IsEmpty())
{
    AfxMessageBox("所学语种必须选择至少一项!");
}
vFieldValue.SetString(Info);
m_pRs->Update(vFieldName,vFieldValue);
vFieldName.Clear();
vFieldValue.Clear();
}
m_pRs->Close();
m_pCon->Close();
::CoUninitialize();
//  CDialog::OnOK();
}
```

编译并运行项目,就可以把信息写入数据库表中。

本节从简单到复杂介绍了一个学生信息录入程序,可以看作是从程序设计到软件制作的一个简单实例。下一节介绍一个比较完整的学生信息管理程序。

3.2 通讯录软件开发

本节设计并实现一个通讯录软件。

该软件以学生通讯信息为主,可以通过该软件的信息添加窗口录入信息,通过删除窗口删除某个记录,查询某个记录,以及显示所有的记录等。

虽然该软件比较小,但是使用了数据库,是一个具有实用价值的小软件。

3.2.1 设计说明

1. 数据库设计

该项目利用 Access 来建立数据库,直接建立在 Visual C++ 项目所在的文件夹中,名为通讯录.mdb,在通讯录.mdb 中建立一个表,名为"学生表",字段如下所示:

学号:数字类型。

姓名:文本类型。

性别:文本类型。

民族：文本类型。

出生年月：数字类型。

家庭住址：文本类型。

所在系：文本类型。

所在专业：文本类型。

本程序采用 ODBC 数据库访问技术，所以需要在自己的计算机上建立一个数据源。本例建立一个 Access 的文件数据源，数据源名为 tongxunlu，然后让该数据源连接到通讯录.mdb。

2. 界面设计与控件属性设置

利用 MFC AppWizard 建立单文档工程 tongxunlu001，与图 2-46 至图 2-48 类似，在建立单文档项目的一系列步骤中，选择 Database view with file support 选项，选择数据源 tongxunlu，并选择连接数据表"学生表"。

在文档的对话界面上安装一个通用列表框控件（list control），目的是把信息显示在这个通用列表框控件中；安装 4 个命令按钮控件，分别修改其 Caption 为"查询记录"、"删除记录"、"添加记录"、"显示记录"；安装一个标签控件，修改其 Caption 为"学生通信录"。界面具体设计如图 3-5 所示。

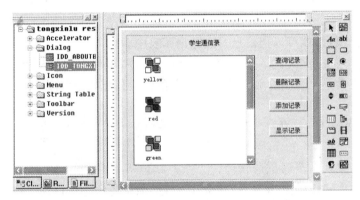

图 3-5　界面总体设计

在通用列表框控件上右击，把其 Style 选项卡中的 View 修改为 Report，如图 3-6 所示。

为了程序设计的需要，使用类向导给通用列表控件添加 CListCtrl 类型的成员变量 m_record；为 4 个命令按钮添加单击事件函数，分别为：

```
void CTongxinluView::OnButton1()
{
    //TODO: Add your control notification handler code here
}
void CTongxinluView::OnButton2()
{
```

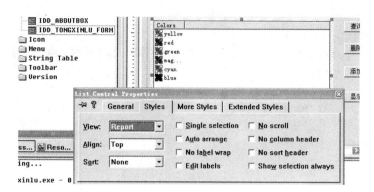

图 3-6　修改通用列表控件的 Style 属性

```
    //TODO: Add your control notification handler code here
}
void CTongxinluView::OnButton3()
{
    //TODO: Add your control notification handler code here
}
void CTongxinluView::OnButton4()
{
    //TODO: Add your control notification handler code here
}
```

3. 生成的数据集文件

该项目因为选择了 Database view with file support 选项，所以与其他单文档项目有些差别，默认出现了设计对话框的界面，也默认使用了记录集对象与 ODBC 数据源。

因为选择了这些选项，所以其项目文件也多了与数据库操作有关的文件，例如，多了一个 tongxinluSet.h 与一个 tongxinluSet.cpp 等。在 tongxinluSet.h 中，系统自动完成了类 CtongxinluSet 的定义。

文件 tongxinluSet.h 代码如下所示：

```
//tongxinluSet.h : interface of the CTongxinluSet class
#if !defined(AFX_TONGXINLUSET_H__0C6B550F_673A_4C5C_B90F_763E688287E1__
INCLUDED_)
#define AFX_TONGXINLUSET_H__0C6B550F_673A_4C5C_B90F_763E688287E1__INCLUDED_
#if _MSC_VER>1000
#pragma once
#endif                          // _MSC_VER>1000

class CTongxinluSet : public CRecordset
{
  public:
    CTongxinluSet(CDatabase * pDatabase=NULL);
```

```
DECLARE_DYNAMIC(CTongxinluSet)
//{{AFX_FIELD(CTongxinluSet, CRecordset)
long      m_column1;      //根据"学生表"的字段给出了这些对应于字段的变量的定义
CString   m_column2;
CString   m_column3;
CString   m_column4;
long      m_column5;
CString   m_column6;
CString   m_column7;
CString   m_column8;
//}}AFX_FIELD
//Overrides
//ClassWizard generated virtual function overrides
public:                                    //函数声明
virtual CString GetDefaultConnect();       //Default connection string
virtual CString GetDefaultSQL();           //default SQL for Recordset
virtual void DoFieldExchange(CFieldExchange * pFX);   //RFX support
//Implementation
#ifdef _DEBUG
virtual void AssertValid() const;
virtual void Dump(CDumpContext& dc) const;
#endif
};
#endif
```

在上面的文件 tongxinluSet.h 中定义了类 CtongxinluSet，系统自动获取了数据库表字段数目与类型等，定义了对应于字段数目类型的变量 long m_column1 等；声明了函数 GetDefaultConnect()、GetDefaultSQL() 与 DoFieldExchange 等，这几个函数在文件 tongxinluSet.cpp 中给出了具体的代码。

在文件 tongxinluSet.cpp 中给变量赋值，并定义了一些操作数据库的函数。其具体代码如下所示：

```
#include "stdafx.h"
#include "tongxinlu.h"
#include "tongxinluSet.h"

#ifdef _DEBUG
#define new DEBUG_NEW
#undef THIS_FILE
static char THIS_FILE[]=__FILE__;
#endif

IMPLEMENT_DYNAMIC(CTongxinluSet, CRecordset)
```

```
CTongxinluSet::CTongxinluSet(CDatabase * pdb)
    : CRecordset(pdb)
{

    //{{AFX_FIELD_INIT(CTongxinluSet)
    //在构造函数中为(字段)变量赋初始值
    m_column1=0;
    m_column2=_T("");
    m_column3=_T("");
    m_column4=_T("");
    m_column5=0;
    m_column6=_T("");
    m_column7=_T("");
    m_column8=_T("");
    m_nFields=8;
    //}}AFX_FIELD_INIT
    m_nDefaultType=dynaset;
}
//在建立项目时,把手动选择的内容写在了程序中
CString CTongxinluSet::GetDefaultConnect()
{
    return _T("ODBC;DSN=tongxunlu");               //数据源是 tongxunlu
}


CString CTongxinluSet::GetDefaultSQL()
{
    return _T("[学生表]");//该记录集对应的数据表是"学生表"
}


void CTongxinluSet::DoFieldExchange(CFieldExchange * pFX)
{
    //{{AFX_FIELD_MAP(CTongxinluSet)
    pFX->SetFieldType(CFieldExchange::outputColumn);
    RFX_Long(pFX, _T("[学号]"), m_column1);          //类变量与数据库字段之间的对应
    RFX_Text(pFX, _T("[姓名]"), m_column2);
    RFX_Text(pFX, _T("[性别]"), m_column3);
    RFX_Text(pFX, _T("[民族]"), m_column4);
    RFX_Long(pFX, _T("[出生年月]"), m_column5);
    RFX_Text(pFX, _T("[家庭住址]"), m_column6);
    RFX_Text(pFX, _T("[所在系]"), m_column7);
    RFX_Text(pFX, _T("[所在专业]"), m_column8);
    //}}AFX_FIELD_MAP
}
//CTongxinluSet diagnostics
#ifdef _DEBUG
```

```
void CTongxinluSet::AssertValid() const
{
    CRecordset::AssertValid();
}
void CTongxinluSet::Dump(CDumpContext& dc) const
{
    CRecordset::Dump(dc);
}
#endif //_DEBUG
```

使用上面定义的 CtongxinluSet 类定义对象，可以实现数据库表的操作。

上面是系统自动生成的代码，下面开始自己添加资源、编写代码，以实现各种功能。

3.2.2　代码实现

1. 显示所有记录

【例 3-5】　在 3.2.1 节的基础上添加代码，使得单击"显示记录"按钮后，就可以把数据表中的记录都显示在列表框中。

首先，在 void CTongxinluView::OnInitialUpdate() 中添加代码，黑体部分是添加进的代码，添加后如下所示：

```
void CTongxinluView::OnInitialUpdate()
{
    m_pSet=&GetDocument()->m_tongxinluSet;//以下 4 个语句是系统自动生成
    CRecordView::OnInitialUpdate();
    GetParentFrame()->RecalcLayout();
    ResizeParentToFit();

    m_record.SetExtendedStyle(LVS_EX_FULLROWSELECT|LVS_EX_GRIDLINES);
    LV_COLUMN h;
    h.mask=LVCF_FMT|LVCF_TEXT|LVCF_WIDTH;
    h.fmt=LVCFMT_CENTER;
    h.cx=90;
    h.pszText="学号";
    m_record.InsertColumn(0,&h);
    h.pszText="姓名";
    m_record.InsertColumn(1,&h);
    h.pszText="性别";
    m_record.InsertColumn(2,&h);
    h.pszText="民族";
    m_record.InsertColumn(3,&h);
    h.pszText="出生年月";
    m_record.InsertColumn(4,&h);
```

```
    h.pszText="家庭住址";
    m_record.InsertColumn(5,&h);
    h.pszText="所在系";
    m_record.InsertColumn(6,&h);
    h.pszText="所在专业";
    m_record.InsertColumn(7,&h);
}
```

此时,编译并运行项目,会出现如图 3-7 所示的界面。

在列表框中出现了数据库的字段名,是由于在函数 OnInitialUpdate()中填写了这些代码所致。不过,现在单击"显示记录"等按钮,还不能够实现显示记录等功能,因为还没有为这些事件函数填写代码。

图 3-7　显示数据库的各个字段名头

把一些代码写在函数 void CTongxinluView::OnButton4()中,那么就可以实现显示记录的功能。添加代码后的 OnButton4()函数如下所示:

```
void CTongxinluView::OnButton4()
{ //以下代码都是该例中填写的代码
    CString s;
    int i=0;
    m_pSet->MoveFirst();
    while (!m_pSet->IsEOF())
    {
        s.Format("%d",m_pSet->m_column1);
        m_record.InsertItem(i,s);
        m_record.SetItemText(i,1,m_pSet->m_column2);
        m_record.SetItemText(i,2,m_pSet->m_column3);
        m_record.SetItemText(i,3,m_pSet->m_column4);
        s.Format("%d",m_pSet->m_column5);
        m_record.SetItemText(i,4,s);
```

```
            m_record.SetItemText(i,5,m_pSet->m_column6);
            m_record.SetItemText(i,6,m_pSet->m_column7);
            m_record.SetItemText(i,7,m_pSet->m_column8);
            m_pSet->MoveNext();
            i++;
        }
    }
```

此时，运行项目，单击"显示记录"按钮，就会显示出数据表中的内容，如图 3-8 所示。

图 3-8　显示数据表中的所有记录

2. 删除记录

【例 3-6】　在例 3-5 的基础上添加代码，添加一个删除记录对话框，使得单击"删除记录"按钮后，就可在弹出的删除对话框中输入要删除的学生姓名，确认后删除该学生。

首先，添加对话框 IDD_DIALOG1，在其上添加一个可编辑文本框，添加标签控件（静态文本框），写上"请输入要删除的学生姓名"，把 OK 按钮的 Caption 改为"删除"等，如图 3-9 所示。

图 3-9　设计删除记录对话框

建立一个关于该对话框的类，以便于定义此类的对象，此对话框的类为 CShanchu。建立的方法是在图 3-9 所示的对话框上右击，选择 ClassWizard 选项，如图 3-10 所示。在接下来弹出的确认对话框上选择"建立新类"选项，如图 3-11 所示。确认后，在弹出的类信息对话框中填写类名为 CShanchu，如图 3-12 所示。

给编辑框添加变量，名为 m_name，类型为 CString。

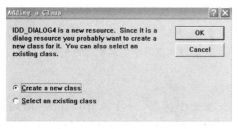
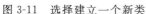

图 3-10　从快捷菜单打开类向导对话框

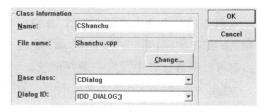

图 3-11　选择建立一个新类　　　　　图 3-12　填写新类名

在 OnButton2()中填写代码，如下所示：

```
void CTongxinlu001View::OnButton2()
{
    //TODO: Add your control notification handler code here
    CString s;
    CShanchu dlg;
    bool b=0;
    m_pSet->MoveFirst();
    if (dlg.DoModal()==IDOK)
    {
        while (!m_pSet->IsEOF())
        {
            if (m_pSet->m_column2==dlg.m_name)
            {
                m_pSet->Delete();
                b=1;
                MessageBox("记录已删除");
            }
            m_pSet->MoveNext();
        }
        if (!b)
        {
            MessageBox("记录没有找到");
        }
    }
}
```

最后,不要忘记在 tongxunluview. cpp 的开始部分加上♯include "Shanchu. h"。

编译并运行,单击"删除记录"按钮,弹出删除记录对话框,输入数据库中已有的某个同学的名字,确认后,就会在数据表中删除该记录,如图 3-13 所示。

如果输入的学生不在数据表中,那么就会弹出消息框,提示"记录没有找到"。

图 3-13　填写学生名删除该记录

3. 添加记录

【例 3-7】　在例 3-6 的基础上添加代码与添加对话框,单击"添加记录"按钮后,就可以向数据表中写入一条新记录。

首先为该项目添加一个对话框,在对话框中添加 9 个标签,一个 Caption 为"请输入以下信息",其余 8 个分别为"学号"、"姓名"等。再添加 8 个可编辑文本框和 3 个命令按钮(原有的两个按钮已被删除),如图 3-14 所示。

为文本框添加成员变量,如图 3-15 所示。

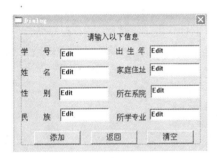

图 3-14　设计添加记录对话框

Control IDs:	Type	Member
IDC_BUTTON1		
IDC_BUTTON2		
IDC_BUTTON3		
IDC_EDIT1	CString	m_num
IDC_EDIT2	CString	m_name
IDC_EDIT3	CString	m_sex
IDC_EDIT4	CString	m_nation
IDC_EDIT5	CString	m_birth
IDC_EDIT6	CString	m_addr
IDC_EDIT7	CString	m_dept
IDC_EDIT8	CString	m_special

图 3-15　为文本框添加成员变量

添加的代码如下所示:

```cpp
void CTongxinlu001View::OnButton3()
{
    CTianjia dlg;
    CString s;
    if (dlg.DoModal()==IDOK)
    {
        m_pSet->AddNew();
        m_pSet->m_column1=atoi(dlg.m_num);
        m_pSet->m_column2=dlg.m_name;
        m_pSet->m_column3=dlg.m_sex;
        m_pSet->m_column4=dlg.m_nation;
        m_pSet->m_column5=atoi(dlg.m_birth);
```

```
    m_pSet->m_column6=dlg.m_addr;
    m_pSet->m_column7=dlg.m_dept;
    m_pSet->m_column8=dlg.m_special;
    m_pSet->Update();
    m_pSet->MoveLast();
        }
    }
```

同时不要忘记在 tongxunluview.cpp 的开始部分加上 ♯include "Tianjia.h"。

在程序中用到了 CRcordSet 成员函数 AddNew()，用于添加一个新的空记录到数据表中。另外，学号和出生年是数字类型，添加时需要类型转换，转换函数为 atoi，其原型为：int atoi(const char *)。

4. 查询记录

【**例 3-8**】 在例 3-6 或例 3-7 的基础上添加资源与代码，实现输入姓名就可以查找记录的功能。

打开项目，插入一个对话框，设计的对话框如图 3-16 所示。建立一个关于对话框的类，类名为 CChaxun，操作步骤参考例 3-6。给编辑框添加成员变量名为 m_name，类型为 CString。

图 3-16 设计查找记录对话框

填写的代码如下所示：

```
void CTongxinlu001View::OnButton2()
{
    CString s;
    m_pSet->MoveFirst();
    CChazhao dlg;
    if (dlg.DoModal()==IDOK)
    {
        int i=0;
        bool search=false;
        while (!m_pSet->IsEOF())
        {
            if (m_pSet->m_column2==dlg.m_name)
            {
                s.Format("%d",m_pSet->m_column1);
```

```
        m_record.InsertItem(i,s);
        m_record.SetItemText(i,1,m_pSet->m_column2);
        m_record.SetItemText(i,2,m_pSet->m_column3);
        m_record.SetItemText(i,3,m_pSet->m_column4);
        s.Format("%d",m_pSet->m_column5);
        m_record.SetItemText(i,4,s);
        m_record.SetItemText(i,5,m_pSet->m_column6);
        m_record.SetItemText(i,6,m_pSet->m_column7);
        m_record.SetItemText(i,7,m_pSet->m_column8);
        search=true;
        i++;
    }
    m_pSet->MoveNext();
}
if (!search)
{
    MessageBox("要查找的学生信息不存在");
}
}
}
```

　　项目运行后，单击"查询记录"按钮，弹出查找对话框，在对话框中输入要查找的学生姓名（如图3-17所示），单击"查找"按钮，如果有该同学，就会显示在列表框中，如图3-18所示；如果没有，则会提示"要查找的学生信息不存在"。

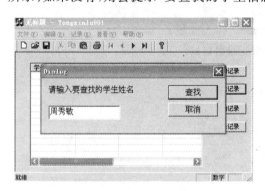

图 3-17　输入要查找的学生姓名　　　　图 3-18　查找到的记录显示在列表框中

3.2.3　实现更多的功能

　　前面实现了一些基本的、简单的功能，实际上，还可以对该项目进行修改完善。下面对该项目进行简单的修改。

1. 按照专业进行查询

【例 3-9】　修改 3.2.2 节中的项目，使其可以按照专业进行查询。

修改查询对话框，在其上添加一个可编辑文本框（为其添加字符串类型的成员变量 m_name2），添加一个静态文本框（修改其 Caption 为"请输入要查找的专业"），如图 3-19 所示。

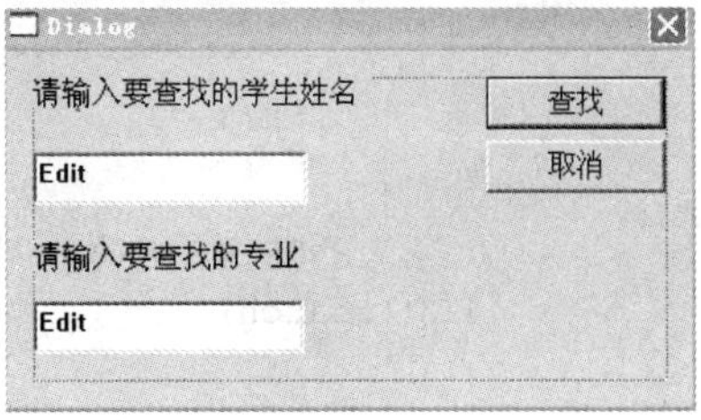

修改函数 OnButton1()，如下所示：

图 3-19　按照专业查找

```
void CTongxinlu001View::OnButton1()
{
    CString s;
    m_pSet->MoveFirst();
    CChazhao dlg;
    if (dlg.DoModal()==IDOK)
    {
        int i=0;
        bool search=false;
        while (!m_pSet->IsEOF())
        {
            if (m_pSet->m_column2==dlg.m_name)
            {
                s.Format("%d",m_pSet->m_column1);
                m_record.InsertItem(i,s);
                m_record.SetItemText(i,1,m_pSet->m_column2);
                m_record.SetItemText(i,2,m_pSet->m_column3);
                m_record.SetItemText(i,3,m_pSet->m_column4);
                s.Format("%d",m_pSet->m_column5);
                m_record.SetItemText(i,4,s);
                m_record.SetItemText(i,5,m_pSet->m_column6);
                m_record.SetItemText(i,6,m_pSet->m_column7);
                m_record.SetItemText(i,7,m_pSet->m_column8);
                search=true;
                i++;
            }
            if (m_pSet->m_column8==dlg.m_name2) //m_column8 对应着专业
            {
                s.Format("%d",m_pSet->m_column1);
                m_record.InsertItem(i,s);
                m_record.SetItemText(i,1,m_pSet->m_column2);
                m_record.SetItemText(i,2,m_pSet->m_column3);
                m_record.SetItemText(i,3,m_pSet->m_column4);
                s.Format("%d",m_pSet->m_column5);
```

```
        m_record.SetItemText(i,4,s);
        m_record.SetItemText(i,5,m_pSet->m_column6);
        m_record.SetItemText(i,6,m_pSet->m_column7);
        m_record.SetItemText(i,7,m_pSet->m_column8);
        search=true;
        i++;
    }
    m_pSet->MoveNext();}
    if (!search)
    {
        MessageBox("要查找的学生信息不存在");
    }
    }
}
```

编译并运行项目，就可以实现按照专业进行查询。

2. 实现添加对话框清空功能

【例 3-10】 修改 3.2.2 节中的项目，使其填写文本框内容后，如果发现填写的信息有问题，单击"清空"按钮就可以清空所有文本框中的内容。

为添加对话框中的"清空"按钮添加单击事件函数，然后在该函数中填写代码，如下所示：

```
void CTianjia::OnButton1()
{
    m_num="";
    m_name="";
    m_sex="";
    m_nation="";
    m_birth="";
    m_addr="";
    m_dept="";
    m_special="";
    UpdateData(FALSE);
}
```

这样就可以实现清空的功能。

3. 利用单选按钮实现性别选择

【例 3-11】 修改例 3-10 项目，利用单选按钮实现性别的输入。

删除性别对应的文本框 IDC_EDIT3，在其位置加入一个 Group Box，其 Caption 为"性别"，在其中加入两个 Radio Button，分别为"男"和"女"。添加 IDC_man 的成员变量为 int 型，名为 m_man。

修改函数 OnButton3()的代码如下所示：

```cpp
void CTongxinlu001View::OnButton3()
{
    CTianjia dlg;
    CString s;
    if (dlg.DoModal()==IDOK)
    {
        m_pSet->AddNew();
        m_pSet->m_column1=atoi(dlg.m_num);
        m_pSet->m_column2=dlg.m_name;
        if(dlg.m_man==0)
            m_pSet->m_column3="男";
        else
            m_pSet->m_column3="女";
        m_pSet->m_column4=dlg.m_nation;
        m_pSet->m_column5=atoi(dlg.m_birth);
        m_pSet->m_column6=dlg.m_addr;
        m_pSet->m_column7=dlg.m_dept;
        m_pSet->m_column8=dlg.m_special;
        m_pSet->Update();
        m_pSet->MoveLast();
    }
}
```

编译并运行，如果出现错误，则按照提示把下面的语句注释掉：

```cpp
//    DDX_Text(pDX, IDC_EDIT3, m_sex);
```

再编译并运行，即可实现记录添加，如图 3-20 与图 3-21 所示。

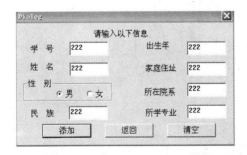

图 3-20   利用单选按钮选择性别　　　　　　图 3-21   添加后显示记录

3.3   贪吃蛇游戏软件开发

本节设计并实现了一个贪吃蛇游戏软件。通过本节的学习，可以初步了解游戏软件的开发过程。

3.3.1 分析与设计

贪吃蛇是家喻户晓的益智类小游戏，一直以来贪吃蛇游戏就深深地吸引着每个人，它的制作方法对于没有学习过游戏软件开发的学生（读者）而言都是很神秘的。现在，通过自己所学的知识把它剖析开来，真正了解它的本质和精髓。虽然有的同学编程能力不是很强，但是按照本节所述，利用 Microsoft Visual C++ 制作这个贪吃蛇游戏，可以提高学生综合程序设计与软件开发能力。

本程序采用 Microsoft Visual C++ 6.0 的英文版本进行编辑、编译与调试，具体说是使用 MFC 单文档制作的。

程序经过调试，可以在 XP 系统下编译运行，也可以在 Vista 下运行，界面稍有不同，但不影响运行结果。

本节贪吃蛇程序一共要实现如下几个功能：

(1) 能够记录游戏时间和游戏成绩。

(2) 可暂停/继续游戏，并可以在玩家不愿游戏时停止游戏。

(3) 蛇的身体能够随着蛇的长度增加而改变颜色。

(4) 能够显示英雄榜。

(5) 有背景音乐。

项目的总体功能如图 3-22 所示。

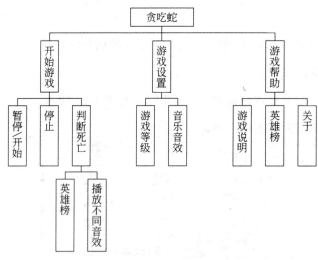

图 3-22 贪吃蛇功能结构示意图

贪吃蛇软件运行后，其工作流程主要包括：

(1) 游戏开始，随机出现食物。

(2) 按下 ToolBar 中的暂停按钮或 Space 键可以实现暂停功能。

(3) 按下帮助键或 ToolBar 中的"?"键可获得游戏帮助说明。

(4) 可播放背景音乐和音效。

（5）可通过菜单以及 ToolBar 控制其播放或停止等。

具体情况如图 3-23 所示。

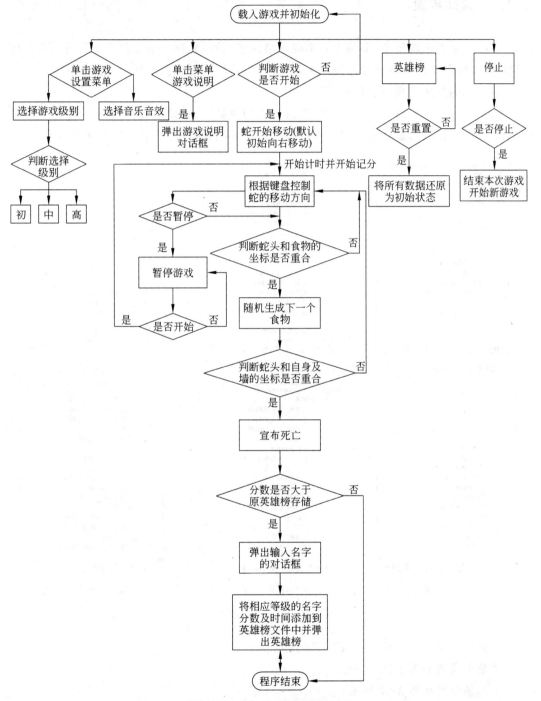

图 3-23 贪吃蛇功能流程示意图

下面研究如何使用 Visual C++ 实现上述这些功能。

3.3.2 具体实现

该项目虽然比较复杂，但是没有实现网络功能（即该软件只能在单机上运行），没有使用数据库，所以其难点在于程序设计上，而不在于软件设置连接操作等方面。

该项目的具体实现方法步骤如下。

（1）建立一个 MFC 单文档工程（项目），添加对话框、菜单、工具条和声音文件等各种资源，然后编写代码，最终的程序文件以及文件组成结构框架等如图 3-24 所示。

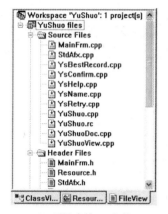

(a) 项目中的cpp文件

(b) 项目中的头文件与资源文件

(c) 项目中的资源文件

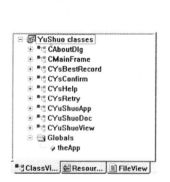

(d) 项目中的类文件

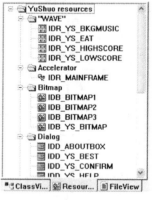

(e) 项目中的资源文件

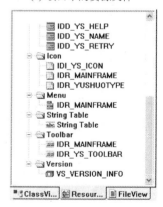

(f) 项目中的资源文件

图 3-24　程序组成结构图

一共加入了 5 个对话框，如图 3-25 所示。

主菜单设置如图 3-26 所示。

工具条设置如图 3-27 所示。

工具条上的按钮从左到右分别是开始、暂停、背景音乐和帮助。

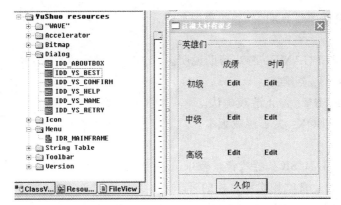

(a) 一共添加了5个对话框　　　　(b) 英雄榜IDD_YS_BEST

(c) 重置对话框IDD_YS_CONFIRM　　　　(d) 留名对话框IDD_YS_NAME

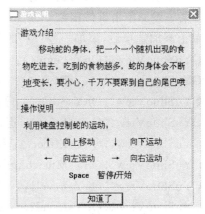

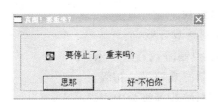

(e) 重来对话框IDD_YS_RETRY　　　　(f) 游戏介绍对话框IDD_YS_HELP

图 3-25　添加的对话框

(a) "游戏" 菜单　　　　(b) "游戏设置" 菜单

(c) 帮助菜单

图 3-26　添加的主菜单及其子菜单项

图 3-27　自定义工具条

（2）加入（包括项目自动生成）的资源如下。

对话框：

IDD_YS_HELPGAME：游戏帮助说明。

IDD_YS_BEST：英雄榜。

IDD_YS_RETRY：停止游戏确认。

IDD_ABOUTBOX：关于游戏版本。

音乐：

IDR_YS_BKGMUSIC：游戏背景音乐。

IDR_YS_EAT：贪吃蛇吃到食物的音乐。

IDR_YS_LOWSCORE：游戏结束后得低分的音乐。

IDR_YS_HIGHSCORE：游戏结束后得高分的音乐。

位图：

IDB_YS_BITMAP：游戏背景图。

菜单和工具栏：

IDR_MAINFRAME：系统自带菜单

IDR_YS_TOOLBAR：自己创建的工具条

（3）为菜单添加单击事件函数。

在菜单上添加选项后，添加一些"空"的菜单项单击事件函数，如下所示：

void CYuShuoView::OnYsBegin()：开始游戏。

void CYuShuoView::OnYsPause()：暂停游戏。

void CYuShuoView::OnYsStop()：停止游戏。

void CYuShuoView::OnYsExit()：退出游戏。

void CYuShuoView::OnYsEffect()：控制游戏音效。

void CYuShuoView::OnYsMusicbkg()：控制游戏背景音乐。

void CYuShuoView::OnYsLevel1()：控制游戏等级为初级。

void CYuShuoView::OnYsLevel2()：控制游戏等级为中级。

void CYuShuoView::OnYsLevel3()：控制游戏等级为高级。

void CYuShuoView::OnYsHelpgame()：游戏帮助。

void CYuShuoView::OnYsBest()：英雄榜的显示。

（4）变量与函数声明。

把下面声明变量与声明函数的语句写入 YuShuoView.h 头文件。

变量声明如下：

```
CArray<CPoint,CPoint>m_ysBody;          //定义点数组作为蛇的身体
CPoint m_ysFood;                        //食物出现的点
int m_ysTime;                           //显示时间
int m_ysTime1;                          //满10则进一位使时间增加1秒
int m_ysDirect;                         //方向控制变量
int m_ysScore;                          //玩家成绩变量
```

```
int m_yspausectrl;                        //暂停控制变量
int m_yslevelctrl;                        //等级控制变量
CString m_ysPlayer;                       //玩家姓名
int m_yseffectctrl;                       //音效控制变量
int m_ysmusicctrl;                        //背景音乐控制变量
```

函数声明如下：

```
void YsInitFood();                        //初始化贪吃蛇的食物,使其随机生成
void YsInitGame();                        //初始化贪吃蛇游戏参数
void YsReDisplay(CPoint pPoint);          //重绘游戏窗口
```

（5）加入头文件。

在这个项目中需要加入很多头文件,有的是系统自动加入的,有的需要程序员自己加入;有的头文件是系统定义好的,有的可以自己定义。

下面两个头文件是系统提供的,需要加入（通过 include）到 YuShuoView.cpp 中,如下所示：

mmsystem.h：播放音乐的相应文件。

fstream.h：文件流文件。

使用的程序语句是：

```
# include "mmsystem.h"
# include "fstream.h"
```

（6）编写 YuShuoView.cpp 代码。

该项目的主要工作在 YuShuoView.cpp 中完成,YuShuoView.cpp 的全部代码如下：

```
# include "stdafx.h"
# include "YuShuo.h"

# include "YuShuoDoc.h"
# include "YuShuoView.h"
//添加资源头文件
# include "resource.h"
//添加对话框头文件
# include "YsName.h"
# include "YsHelp.h"
//添加音乐播放头文件
# include "mmsystem.h"
# include "YsRetry.h"
# include "YsBestRecord.h"
# include "fstream.h"

#ifdef _DEBUG
#define new DEBUG_NEW
```

```
#undef THIS_FILE
static char THIS_FILE[]=__FILE__;
#endif


/////////////////////////////////////////////////////////////////////
//CYuShuoView

IMPLEMENT_DYNCREATE(CYuShuoView, CView)

BEGIN_MESSAGE_MAP(CYuShuoView, CView)
    //{{AFX_MSG_MAP(CYuShuoView)
    ON_WM_KEYDOWN()
    ON_COMMAND(IDM_YS_BEGIN, OnYsBegin)
    ON_WM_TIMER()
    ON_COMMAND(IDR_YS_PAUSE, OnYsPause)
    ON_COMMAND(IDM_YS_LEVEL1, OnYsLevel1)
    ON_COMMAND(IDM_YS_LEVEL2, OnYsLevel2)
    ON_COMMAND(IDM_YS_LEVEL3, OnYsLevel3)
    ON_COMMAND(IDR_YS_HELPGAME, OnYsHelpgame)
    ON_COMMAND(IDM_YS_MUSICBKG, OnYsMusicbkg)
    ON_COMMAND(IDM_YS_EFFECT, OnYsEffect)
    ON_COMMAND(IDM_YS_BEST, OnYsBest)
    ON_COMMAND(IDR_YS_STOP, OnYsStop)
    ON_COMMAND(IDM_YS_HELPGAME, OnYsHelpgame)
    ON_COMMAND(IDM_YS_EXIT, OnYsExit)
    //}}AFX_MSG_MAP
    //Standard printing commands
    ON_COMMAND(ID_FILE_PRINT, CView::OnFilePrint)
    ON_COMMAND(ID_FILE_PRINT_DIRECT, CView::OnFilePrint)
    ON_COMMAND(ID_FILE_PRINT_PREVIEW, CView::OnFilePrintPreview)
END_MESSAGE_MAP()


/////////////////////////////////////////////////////////////////////
//CYuShuoView construction/destruction

CYuShuoView::CYuShuoView()
{
    //TODO: add construction code here
    m_ysTime=0;                      //时间初始为 0
    m_ysScore=0;                     //分数初始为 0
    m_yspausectrl=1;                 //默认第一次按下为暂停
    m_yslevelctrl=2;                 //默认级别为中级
    m_yseffectctrl=1;                //默认播放音效
    m_ysmusicctrl=1;                 //默认播放背景音乐
```

```
    }

CYuShuoView::~CYuShuoView()
{
}

BOOL CYuShuoView::PreCreateWindow(CREATESTRUCT& cs)
{
    //TODO: Modify the Window class or styles here by modifying
    //the CREATESTRUCT cs

    return CView::PreCreateWindow(cs);
}

/////////////////////////////////////////////////////////////////////
//CYuShuoView drawing

void CYuShuoView::OnDraw(CDC * pDC)
{
    //CYuShuoDoc * pDoc=GetDocument();
    CDocument * pDoc=GetDocument();
    ASSERT_VALID(pDoc);
    //TODO: add draw code for native data here
    //绘制背景
    //载入位图背景
    CDC dcMemory;
    dcMemory.CreateCompatibleDC(pDC);
    CBitmap bmp1;
    bmp1.LoadBitmap(IDB_YS_BITMAP);             //载入位图
    BITMAP bmpInfo1;
    bmp1.GetBitmap(&bmpInfo1);                  //获取位图
    CBitmap * pOldBitmap=dcMemory.SelectObject(&bmp1);
    pDC->BitBlt(0,0,bmpInfo1.bmWidth,bmpInfo1.bmHeight,&dcMemory,0,0,
                SRCCOPY);                       //将载入的位图复制到当前窗口中
    ::AfxGetMainWnd()->SetWindowPos(NULL,0,0,bmpInfo1.bmWidth,
                bmpInfo1.bmHeight+100,SWP_NOMOVE);   //使窗口与位图大小相当
    //绘制游戏区域
    CPen yspen;
    yspen.CreatePen(1,9,67);                    //创建颜色与背景相近的画笔
    pDC->SelectObject(&yspen);
    pDC->Rectangle(CRect(343,138,755,449));     //绘制边框
    CString ysStr;                              //定义字符串用于显示游戏时间和得分等
    pDC->SetBkMode(TRANSPARENT);                //设置字体背景
    pDC->SetTextColor(67);                      //设置字体颜色
```

```
ysStr.Format("当前用时:%d",m_ysTime);          //初始化字符串
pDC->TextOut(500,50,ysStr);                    //输出文本
ysStr.Format("当前得分:%d",m_ysScore);         //初始化字符串
pDC->TextOut(500,90,ysStr);                    //输出文本
switch(m_yslevelctrl)                          //根据等级判断
{
  case 1:                                      //如果是初级
    ysStr.Format("当前等级:初级");
    pDC->TextOut(600,50,ysStr);
    break;
  case 2:                                      //如果是中级
    ysStr.Format("当前等级:中级");
    pDC->TextOut(600,50,ysStr);
    break;
  case 3:                                      //如果是高级
    ysStr.Format("当前等级:高级");
    pDC->TextOut(600,50,ysStr);
    break;
}
//绘制蛇的样式
CPen yspen1;
yspen1.CreatePen(1,1,RGB(255,255,255));        //定义白色画笔绘制蛇的边框
pDC->SelectObject(&yspen1);
CBrush ysbrush;
//
int k=m_ysBody.GetUpperBound()+2;              //设置一个变量存储贪吃蛇的身体长度
if(k<=10)                                       //如果小于10,则为绿色
{
    ysbrush.CreateSolidBrush(RGB(0,255,0));
    pDC->SelectObject(&ysbrush);
    //绘制食物
    pDC->Rectangle(
        CRect(349+m_ysFood.y*10,
        144+m_ysFood.x*10,
        349+(m_ysFood.y+1)*10,
        144+(m_ysFood.x+1)*10)
    );
}
else if(k>10&&k<=20)                            //如果在10和20之间,则为蓝色
{
    ysbrush.CreateSolidBrush(RGB(0,0,255));
    pDC->SelectObject(&ysbrush);
    //绘制食物
    pDC->Rectangle(
```

```
                CRect(349+m_ysFood.y * 10,
                144+m_ysFood.x * 10,
                349+ (m_ysFood.y+1) * 10,
                144+ (m_ysFood.x+1) * 10)
            );
    }
    else if(k>20&&k<=30)                         //如果在 20 和 30 之间,则为绿色
    {
        ysbrush.CreateSolidBrush(RGB(255,255,0));
        pDC->SelectObject(&ysbrush);
        //绘制食物
        pDC->Rectangle(
            CRect(349+m_ysFood.y * 10,
            144+m_ysFood.x * 10,
            349+ (m_ysFood.y+1) * 10,
            144+ (m_ysFood.x+1) * 10)
            );
    }
    else                                         //其余情况均为红色
    {
        ysbrush.CreateSolidBrush(RGB(255,0,0));
        pDC->SelectObject(&ysbrush);
        //绘制食物
        pDC->Rectangle(
            CRect(349+m_ysFood.y * 10,
            144+m_ysFood.x * 10,
            349+ (m_ysFood.y+1) * 10,
            144+ (m_ysFood.x+1) * 10)
        );
    }
    //初始化点数组
    for(int i=0;i<=m_ysBody.GetUpperBound();i++)
    {
        CPoint ysPoint0=m_ysBody.GetAt(i);
        pDC->Rectangle(
            CRect(349+ysPoint0.y * 10,
            144+ysPoint0.x * 10,
            349+ (ysPoint0.y+1) * 10,
            144+ (ysPoint0.x+1) * 10)
        );
    }
}


///////////////////////////////////////////////////////////////////////
```

```
//CYuShuoView printing

BOOL CYuShuoView::OnPreparePrinting(CPrintInfo * pInfo)
{
    //default preparation
    return DoPreparePrinting(pInfo);
}

void CYuShuoView::OnBeginPrinting(CDC * /* pDC */, CPrintInfo * /* pInfo */)
{
    //TODO: add extra initialization before printing
}

void CYuShuoView::OnEndPrinting(CDC * /* pDC */, CPrintInfo * /* pInfo */)
{
    //TODO: add cleanup after printing
}

/////////////////////////////////////////////////////////////////////
//CYuShuoView diagnostics

#ifdef _DEBUG
void CYuShuoView::AssertValid() const
{
    CView::AssertValid();
}

void CYuShuoView::Dump(CDumpContext& dc) const
{
    CView::Dump(dc);
}
//初始化贪吃蛇的食物
void CYuShuoView::YsInitFood()
{
    int m_ysX,m_ysY;
    while(1)
    {
        m_ysX=rand()%30;              //随机生成横坐标使其与贪吃蛇的身体可以接上
        m_ysY=rand()%40;              //随机生成纵坐标使其与贪吃蛇的身体可以接上
        int ysTag=0;                  //设置标签
        for(int i=0;i<=m_ysBody.GetUpperBound();i++)   //更改点数组中的点坐标
        {
            CPoint ysPoint1=m_ysBody.GetAt(i);         //获取贪吃蛇的身体坐标
            if(ysPoint1.x==m_ysX||ysPoint1.y==m_ysY)
```

//如果身体的横坐标(或纵坐标)与食物的横坐标(或纵坐标)相同

```
            {
                ysTag=1;                          //标签为真
                break;
            }
        }
        if(ysTag==0)                              //如果标签为假,结束循环
        {
            break;
        }
    }
    m_ysFood=CPoint(m_ysX,m_ysY);                 //将随机出现的坐标记录为食物的坐标
}


//初始化游戏
void CYuShuoView::YsInitGame()
{

    m_ysBody.RemoveAll();                         //清空蛇身体
    m_ysBody.Add(CPoint(2,7));                    //初始化蛇身体,添加点
    m_ysBody.Add(CPoint(2,6));                    //初始化蛇身体,添加点
    m_ysBody.Add(CPoint(2,5));                    //初始化蛇身体,添加点
    m_ysBody.Add(CPoint(2,4));                    //初始化蛇身体,添加点

    m_ysDirect=1;
    m_ysScore=0;

    m_ysTime=0;
    m_ysTime1=0;

    srand((unsigned)time(NULL));
    YsInitFood();                                 //调用贪吃蛇食物初始化函数
}


//重新绘制
void CYuShuoView::YsReDisplay(CPoint ysPoint)
{
    InvalidateRect(
        CRect(349+ysPoint.y * 10,
        144+ysPoint.x * 10,
        349+ (ysPoint.y+1) * 10,
        144+ (ysPoint.x+1) * 10)
    );
}
```

```
/*
CYuShuoDoc * CYuShuoView::GetDocument() //non-debug version is inline
{
    ASSERT(m_pDocument->IsKindOf(RUNTIME_CLASS(CYuShuoDoc)));
    return (CYuShuoDoc * )m_pDocument;
} */
#endif //_DEBUG


/////////////////////////////////////////////////////////////////////
//CYuShuoView message handlers

void CYuShuoView::OnKeyDown(UINT nChar, UINT nRepCnt, UINT nFlags)
{
    //TODO: Add your message handler code here and/or call default
    switch(nChar)
    {
      case VK_UP:                          //按向上键
        m_ysDirect=4;                      //控制方向变量为 4
        break;
      case VK_DOWN:                        //按向下键
        m_ysDirect=3;                      //控制方向变量为 3
        break;
      case VK_LEFT:                        //按向左键
        m_ysDirect=2;                      //控制方向变量为 2
        break;
      case VK_RIGHT:                       //按向右键
        m_ysDirect=1;                      //控制方向变量为 1
        break;
      case VK_SPACE:                       //按空格键
        if(m_yspausectrl==1)               //如果控制暂停变量为 1
        {
            KillTimer(1);                  //暂停游戏
            m_yspausectrl=0;               //令控制暂停变量为 0
            break;
        }
        if(m_yspausectrl==0)               //如果控制暂停变量为 0
        {
            SetTimer(1,100,NULL);          //继续游戏
            m_yspausectrl=1;               //令控制暂停变量为 1
            break;
        }
    }
    CView::OnKeyDown(nChar, nRepCnt, nFlags);
}
```

```
void CYuShuoView::OnYsBegin()                  //单击开始菜单
{
    //TODO: Add your command handler code here
    YsInitGame();                              //初始化游戏
    switch(m_ysmusicctrl)                      //根据音乐控制变量决定是否放音乐
    {
      case 1:                                  //如果音乐选择开
        //播放导入的音乐
        ::PlaySound(MAKEINTRESOURCE(IDR_YS_BKGMUSIC),
                    AfxGetResourceHandle(),SND_ASYNC|SND_RESOURCE|SND_LOOP);
        break;
      case 0:                                  //如果音乐选择关
        break;
    }
    SetTimer(1,100,NULL);                      //设置时间
    Invalidate();                              //重绘窗口
}


void CYuShuoView::OnTimer(UINT nIDEvent)
{
    //TODO: Add your message handler code here and/or call default
    m_ysTime1++;                               //开始计时
    if(m_ysTime1==10)                          //小单位时间满10
    {
        m_ysTime++;                            //时间增加一秒
        m_ysTime1=0;                           //小单位时间清零,重新计算
        Invalidate();                          //刷新
    }
    CPoint ysPoint2=m_ysBody.GetAt(0);         //获取蛇身的第一个点坐标
    int ysTag1=0;                              //定义判断死亡的变量
    switch(m_yslevelctrl)                      //根据不同的等级选择
    {
      case 1:                                  //选择初级
        KillTimer(1);                          //暂停计时器
        SetTimer(1,100,NULL);                  //设置计时器
        break;
      case 2:                                  //选择中级
        KillTimer(1);                          //暂停计时器
        SetTimer(1,60,NULL);                   //设置计时器
        break;
      case 3:                                  //选择高级
        KillTimer(1);                          //暂停计时器
        SetTimer(1,20,NULL);                   //设置计时器
```

```
            break;
      }
      switch(m_ysDirect)                        //根据键盘按下的键来选择蛇移动的方向
      {
        case 1:                                 //方向变量向下
          ysPoint2.y++;                         //点纵坐标自加
          if(ysPoint2.y>=40)                    //如果纵坐标大于最下端边框
          {
              ysTag1=1;                         //变量为1,判断死亡
          }
          break;
        case 2:                                 //方向变量向上
          ysPoint2.y--;                         //点纵坐标自减
          if(ysPoint2.y<0)                      //如果纵坐标小于最上端边框
          {
              ysTag1=1;                         //变量为1,判断死亡
          }
          break;
        case 3:                                 //方向变量向右
          ysPoint2.x++;                         //点横坐标自加
          if(ysPoint2.x>=30)                    //如果横坐标大于最右端边框
          {
              ysTag1=1;                         //变量为1,判断死亡
          }
          break;
        case 4:                                 //方向变量向左
          ysPoint2.x--;                         //点横坐标自减
          if(ysPoint2.x<0)                      //横坐标小于最左端边框
          {
              ysTag1=1;                         //变量为1,判断死亡
          }
      }
      if(ysTag1==0)                             //如果标签为0
      {
          for(int i=0;i<=m_ysBody.GetUpperBound();i++)
          {
              CPoint ysPoint3=m_ysBody.GetAt(i);
                                                //将蛇身体的坐标传递给新定义的点
              if(ysPoint2.x==ysPoint3.x&&ysPoint2.y==ysPoint3.y)
                                                //如果两点完全相同,标签为1
              {
                  ysTag1=1;
                  break;
              }
```

```
        }
    }
    if(ysTag1==0)
    {
        m_ysBody.InsertAt(0,ysPoint2);          //将点添加到蛇的身体中
        YsReDisplay(ysPoint2);                  //重绘蛇的身体
        if(ysPoint2.x==m_ysFood.x&&ysPoint2.y==m_ysFood.y)
                                                //如果蛇的身体与食物坐标重合
        {
            switch(m_yseffectctrl)              //根据音效控制变量决定是否放音效
            {
            case 1:                             //如果音效选择开
                //播放导入的音乐
                ::PlaySound(MAKEINTRESOURCE(IDR_YS_EAT),
                            AfxGetResourceHandle(),SND_ASYNC|
                            SND_RESOURCE|SND_NODEFAULT);
                break;
            case 0:                             //如果音效选择关
                break;
            }
            int k=m_ysBody.GetUpperBound();     //获取蛇身体的长度
            if(k<=10)                           //如果蛇身体长度不大于 10
            {
                m_ysScore++;                    //分数增加 1
            }
            else if(k>10&&k<=20)                //如果身体长度在 10 与 20 之间
            {
                m_ysScore+=3;                   //分数增加 3
            }
            else if(k>20&&k<=30)                //如果身体长度在 20 与 30 之间
            {
                m_ysScore+=5;                   //分数增加 5
            }
            else                                //其余情况
            {
                m_ysScore+=8;                   //分数增加 8
            }
            YsInitFood();                       //再出现下一个食物
            Invalidate();                       //窗口重绘
        }
        else
        {
            //将最后一个点赋给 ysPoint3
            CPoint ysPoint3=m_ysBody.GetAt(m_ysBody.GetUpperBound());
```

```
            m_ysBody.RemoveAt(m_ysBody.GetUpperBound());        //将该点移开
            YsReDisplay(ysPoint3);                   //重新绘制 ysPoint3
        }
    }
    else
    {
        KillTimer(1);                                //暂停时间
        CString ysscore;                             //定义显示分数的字符串
        if(m_ysScore<=10)                            //如果分数少于 10
        {
            switch(m_yseffectctrl)                   //根据音效控制变量决定是否放音效
            {
            case 1:                                  //如果音效选择开
                //播放导入的音乐
                ::PlaySound(MAKEINTRESOURCE(IDR_YS_LOWSCORE),
                            AfxGetResourceHandle(),SND_ASYNC|
                            SND_RESOURCE|SND_NODEFAULT);
                break;
            case 0:                                  //如果音效选择关
                break;
            }
            ysscore.Format("你挂了!哈哈!%d分!你才得了这么两分!",m_ysScore);
            AfxMessageBox(ysscore);                  //弹出消息框显示得分
        }
        else if(10<m_ysScore&&m_ysScore<=25)
        {
            switch(m_yseffectctrl)                   //根据音效控制变量决定是否放音效
            {
            case 1:                                  //如果音效选择开
                //播放导入的音乐
                ::PlaySound(MAKEINTRESOURCE(IDR_YS_LOWSCORE),
                            AfxGetResourceHandle(),SND_ASYNC|
                            SND_RESOURCE|SND_NODEFAULT);
                break;
            case 0:                                  //如果音效选择关
                break;
            }
            ysscore.Format("你挂了!哈哈!%d分!凑合事吧!",m_ysScore);
            AfxMessageBox(ysscore);                  //弹出消息框显示得分
        }
        else if(25<m_ysScore&&m_ysScore<=45)
        {
            switch(m_yseffectctrl)                   //根据音效控制变量决定是否播放音效
            {
```

```
        case 1:                            //如果音效选择开
            //播放导入的音乐
            ::PlaySound(MAKEINTRESOURCE(IDR_YS_LOWSCORE),
                            AfxGetResourceHandle(),SND_ASYNC|
                            SND_RESOURCE|SND_NODEFAULT);
            break;
        case 0:                            //如果音效选择关
            break;
        }
        ysscore.Format("你挂了!哈哈!%d分!还行呀!",m_ysScore);
        AfxMessageBox(ysscore);            //弹出消息框显示得分
    }
    else if(45<m_ysScore&&m_ysScore<=70)
    {
        switch(m_yseffectctrl)             //根据音效控制变量决定是否播放音效
        {
        case 1:                            //如果音效选择开
            //播放导入的音乐
            ::PlaySound(MAKEINTRESOURCE(IDR_YS_HIGHSCORE),
                            AfxGetResourceHandle(),SND_ASYNC|
                            SND_RESOURCE|SND_NODEFAULT);
            break;
        case 0:                            //如果音效选择关
            break;
        }
        ysscore.Format("你挂了!哈哈!%d分!不错哈!",m_ysScore);
        AfxMessageBox(ysscore);            //弹出消息框显示得分
    }
    else if(70<m_ysScore&&m_ysScore<=100)
    {
        switch(m_yseffectctrl)             //根据音效控制变量决定是否播放音效
        {
        case 1:                            //如果音效选择开
            //播放导入的音乐
            ::PlaySound(MAKEINTRESOURCE(IDR_YS_HIGHSCORE),
                            AfxGetResourceHandle(),SND_ASYNC|
                            SND_RESOURCE|SND_NODEFAULT);
            break;
        case 0:                            //如果音效选择关
            break;
        }
        ysscore.Format("你挂了!%d分!你是养蛇的吧?!",m_ysScore);
        AfxMessageBox(ysscore);            //弹出消息框显示得分
    }
```

```
        else
        {
            switch(m_yseffectctrl)                    //根据音效控制变量决定是否播放音效
            {
            case 1:                                   //如果音效选择开
                //播放导入的音乐
                ::PlaySound(MAKEINTRESOURCE(IDR_YS_HIGHSCORE),
                                AfxGetResourceHandle(),SND_ASYNC|
                                SND_RESOURCE|SND_NODEFAULT);
                break;
            case 0:                                   //如果音效选择关
                break;
            }
            ysscore.Format("你挂了!%d分!牛!",m_ysScore);
            AfxMessageBox(ysscore);                    //弹出消息框显示得分
        }
        //显示英雄榜
        OnYsBest();
    }


    CView::OnTimer(nIDEvent);
}


void CYuShuoView::OnYsPause()
{
    //TODO: Add your command handler code here
    switch(m_yspausectrl)                             //控制暂停变量
    {
    case 0:                                           //若控制暂停变量为 0
        SetTimer(1,100,NULL);                         //继续游戏
        m_yspausectrl=1;                              //令控制暂停变量为 1
        break;
    case 1:                                           //若控制暂停变量为 1
        KillTimer(1);                                 //暂停游戏
        m_yspausectrl=0;                              //令控制暂停变量为 0
        break;
    }
}
//如果选择初级
void CYuShuoView::OnYsLevel1()
{
    //TODO: Add your command handler code here
    m_yslevelctrl=1;                                  //等级控制变量为 1
}
```

```
//如果选择中级
void CYuShuoView::OnYsLevel2()
{
    //TODO: Add your command handler code here
    m_yslevelctrl=2;                        //等级控制变量为2
}
//如果选择高级
void CYuShuoView::OnYsLevel3()
{
    //TODO: Add your command handler code here
    m_yslevelctrl=3;                        //等级控制变量为3
}


void CYuShuoView::OnYsHelpgame()
{
    //TODO: Add your command handler code here
    CYsHelp dlg;                            //定义帮助对话框实例
    dlg.DoModal();                          //显示对话框
}


void CYuShuoView::OnYsMusicbkg()
{
    //TODO: Add your command handler code here
    switch(m_ysmusicctrl)                   //根据音乐控制变量选择
    {
    case 1:                                 //如果音乐选择开
        m_ysmusicctrl=0;                    //将音乐控制变量改为0
        break;
    case 0:                                 //如果音乐选择关
        m_ysmusicctrl=1;                    //将音乐控制变量改为1
        break;
    }
}
//音效控制
void CYuShuoView::OnYsEffect()
{
    //TODO: Add your command handler code here
    switch(m_yseffectctrl)                  //根据音效控制变量选择
    {
    case 1:                                 //如果音效选择开
        m_yseffectctrl=0;                   //将音效控制变量改为0
        break;
    case 0:                                 //如果音效选择关
        m_yseffectctrl=1;                   //将音效控制变量改为1
```

```
            break;
        }
    }

void CYuShuoView::OnYsBest()          //单击菜单"帮助"→"英雄榜",执行该函数中语句
{
    //TODO: Add your command handler code here
    ifstream in("score.txt");                      //写入分数及时间文件
    CYsBestRecord dlg;                             //定义对话框实例
    int m_1bestscore,m_2bestscore,m_3bestscore,m_1besttime,m_2besttime,
        m_3besttime;                              //设置 6 个变量存储成绩及时间
    in>>m_1bestscore>>m_1besttime>>m_2bestscore>>m_2besttime>>m_3bestscor
        e>>m_3besttime;                           //将文件中的值赋给变量
    dlg.m_ysbestscore1=m_1bestscore;              //将变量值赋给对话框中的变量
    dlg.m_ysbestscore2=m_2bestscore;
    dlg.m_ysbestscore3=m_3bestscore;
    dlg.m_ysbesttime1=m_1besttime;
    dlg.m_ysbesttime2=m_2besttime;
    dlg.m_ysbesttime3=m_3besttime;
    //如果等级为初级,玩家的成绩比文件中原成绩高,
    //或者分数相同但用时短,则记录本次游戏记录
    if((m_ysScore>m_1bestscore||m_ysScore==m_1bestscore&&
        m_ysTime<m_1besttime)&&m_yslevelctrl==1)
    {
        ofstream out("score.txt");
        out<<m_ysScore<<" "<<m_ysTime<<" "<<m_2bestscore<<" "<<m_2besttime
            <<" "<<m_3bestscore<<" "<<m_3besttime;
        ifstream in("score.txt");
        in>>m_ysScore>>m_ysTime>>m_2bestscore>>m_2besttime>>
            m_3bestscore>>m_3besttime;
        dlg.m_ysbestscore1=m_ysScore;
        dlg.m_ysbestscore2=m_2bestscore;
        dlg.m_ysbestscore3=m_3bestscore;
        dlg.m_ysbesttime1=m_ysTime;
        dlg.m_ysbesttime2=m_2besttime;
        dlg.m_ysbesttime3=m_3besttime;
    }
    //如果等级为中级,玩家的成绩比文件中原成绩高
    //或者分数相同但用时短,则记录本次游戏记录
    else if((m_ysScore>m_2bestscore||m_ysScore==m_2bestscore
            &&m_ysTime<m_2besttime)&&m_yslevelctrl==2)
    {
        ofstream out("score.txt");
        out<<m_1bestscore<<" "<<m_1besttime<<" "<<m_ysScore<<" "<<m_ysTime
            <<" "<<m_3bestscore<<" "<<m_3besttime;
        ifstream in("score.txt");
```

```
        in>>m_ysScore>>m_ysTime>>
              m_2bestscore>>m_2besttime>>m_3bestscore>>m_3besttime;
        dlg.m_ysbestscore1=m_1bestscore;
        dlg.m_ysbestscore2=m_ysScore;
        dlg.m_ysbestscore3=m_3bestscore;
        dlg.m_ysbesttime1=m_1besttime;
        dlg.m_ysbesttime2=m_ysTime;
        dlg.m_ysbesttime3=m_3besttime;
    }
    //如果等级为高级,玩家的成绩比文件中原成绩高
    //或者分数相同但用时短,则记录本次游戏记录
    else if((m_ysScore>m_3bestscore||m_ysScore==m_3bestscore
            &&m_ysTime<m_3besttime)&&m_yslevelctrl==3)
    {
        ofstream out("score.txt");
        out<<m_1bestscore<<" "<<m_1besttime<<" "<<m_3bestscore
              <<" "<<m_3besttime<<" "<<m_ysScore<<" "<<m_ysTime;
        ifstream in("score.txt");
        in>>m_3bestscore>>m_3besttime>>m_2bestscore
              >>m_2besttime>>m_ysScore>>m_ysTime;
        dlg.m_ysbestscore1=m_1bestscore;
        dlg.m_ysbestscore2=m_2bestscore;
        dlg.m_ysbestscore3=m_ysScore;
        dlg.m_ysbesttime1=m_1besttime;
        dlg.m_ysbesttime2=m_2besttime;
        dlg.m_ysbesttime3=m_ysTime;
    }
    dlg.DoModal();                          //显示对话框
}


void CYuShuoView::OnYsStop()
{
    //TODO: Add your command handler code here
    CYsRetry ysDlg;
    if(ysDlg.DoModal()==IDOK)
    {
        YsInitGame();                       //初始化游戏
        switch(m_ysmusicctrl)               //根据音效控制变量决定是否放音乐
        {
        case 1:                             //如果音效选择开
            //播放导入的音乐
            ::PlaySound(MAKEINTRESOURCE(IDR_YS_BKGMUSIC),
                        AfxGetResourceHandle(),SND_ASYNC|
                        SND_RESOURCE|SND_LOOP);
            break;
        case 0:                             //如果音效选择关
```

```
            break;
        }
        SetTimer(1,100,NULL);                      //设置时间
        Invalidate();                              //重绘窗口
    }
}

void CYuShuoView::OnYsExit()
{
    //TODO: Add your command handler code here
    exit(1);                                       //退出
}
```

按照上面的步骤编写完成后，调试并运行即可。

3.3.3 关键问题讨论

1. 初始界面

游戏初始界面如图 3-28 所示，游戏初始界面不美观，布局也不太合理，读者可以改进。

图 3-28　游戏初始界面

2. 点数组存储贪吃蛇

贪吃蛇游戏的游戏界面部分包括背景图片、蛇身体的绘制、蛇移动范围的绘制等。其中贪吃蛇的身体用什么方法绘制，才可以使得其在游戏过程中可以实现"吃"的功能是很重要的。因此在游戏界面的初始绘制时就必须考虑到游戏时可能遇到的问题。

本程序采用点数组 CArray<CPoint,CPoint> m_ysBody 来存储贪吃蛇,点数组的功能很强大,可以添加点,同时可以获得蛇的长度,对于后面进行游戏时控制蛇的颜色以及音效的播放等都有很大的便利。

3. 关于食物

确定用点数组存储贪吃蛇以后,贪吃蛇的食物如何实现随机出现,并且能够按照网格式与蛇头无偏差相接就是一个亟待解决的问题。

随机出现是采用 rand()函数来实现,而食物与蛇头无偏差相接则利用坐标来解决。设置两个整型变量 m_ysX 与 m_ysY 作为食物出现的点的坐标,令 m_ysX= rand()%30,m_ysY= rand()%40 给出食物的位置。使随机出现的点能够整除最小网格,也就是使食物与蛇头无偏差相接。

再由食物坐标(m_ysX,m_ysY)与蛇头坐标是否相同判断蛇是否“吃”到了食物,设置判断变量 ysTag:如果吃到了,ysTag 为 1,则再出现下一个食物;如果没吃到,则不出现食物,直到变量 ysTag 为 1 为止。

最后,再将(m_ysX,m_ysY)赋给 m_ysFood 作为食物坐标,以便在其他函数中调用。在图 3-29 中可以看到,当蛇的身体是与出现的食物在一条直线上时,完全可以达到相接的目的。

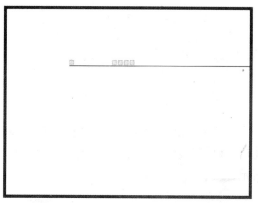

图 3-29　蛇与食物的相接

4. 开始游戏

开始游戏后的重点是如何用键盘来控制蛇的移动并传递到 OnTimer(UINT nIDEvent)函数中,以及判断蛇是否死亡。首先是键盘与蛇的响应,设置一个方向控制变量 m_ysDirect,再添加 OnKeyDown(UINT nChar, UINT nRepCnt, UINT nFlags)函数来实现键盘消息的传递,按下不同的键盘按键,m_ysDirect 会相应地改变,再利用 switch语句在 OnTimer(UINT nIDEvent)函数中对坐标进行相应改变即可,如图 3-30 所示。

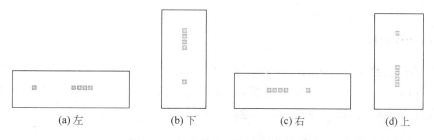

(a) 左　　　　(b) 下　　　　(c) 右　　　　(d) 上

图 3-30　键盘的上下左右键的效果

5. 判断蛇是否死亡

下面解释一下如何判断蛇的死亡，由于蛇的身体是由点坐标数组构成的，因此判断蛇是否死亡其本质就是判断蛇头的坐标是否与游戏边框相同，或者蛇头坐标是否与蛇自己的身体相同。该语句也写入 OnTimer(UINT nIDEvent) 函数中即可，设置一个判断死亡变量 ysTag1，如果 ysTag1 为 1，则说明蛇已经死亡。

此处仅以向下为例进行说明，当按下向下键时，蛇的纵坐标不断自加，具体程序如下：

```
switch(m_ysDirect)                //根据键盘按下键来选择蛇移动的方向
{
case 1:                           //方向变量向下
    ysPoint2.y++;                 //点纵坐标自加
    if(ysPoint2.y>=40)            //如果纵坐标大于或等于最下端边框
    {
        ysTag1=1;                 //变量为1,判断死亡
    }
    break;
}
```

当 ysPoint2.y>=40 成立时，ysTag1=1，应当弹出对话框提示死亡，输出得分，同时还可以根据玩家的得分数相应地改变对话框中的话语（在 Windows XP 系统下），如图 3-31 所示。

图 3-31　贪吃蛇的死亡

6. 蛇身体的颜色

蛇身体的颜色随着身体的长度增加而发生变化，初始状态是绿色，然后变为蓝色，这是在 OnDraw(CDC * pDC) 函数中设置的，设置变量获取蛇身长度，随着长度的增加，蛇的颜色发生相应改变，最终会变为表示危险的红色。

7. 音乐播放与暂停功能

伴随着贪吃蛇挂掉，会根据游戏得分情况播放不同的音乐，如果高于 70 分，则播放带

有掌声鼓励的高分音乐 IDR_YS_HIGHSCORE；否则，播放蛇被撞死的电子音乐 IDR_YS_LOWSCORE。

播放音乐的函数为包含在头文件 mmsystem.h 中的 PlaySound 函数。此外，游戏开始还需要计时、计分以及暂停等功能。这些功能都比较简单，游戏时间和分数分别用两个变量 m_ysTime 和 m_ysScore 来记录，应用 pDC－＞TextOut 函数来输出。至于暂停和继续的功能实现，只需要暂停和恢复计时器就可以了，实现暂停功能即 KillTimer(1)，并同时令控制暂停变量为 m_yspausectrl 为 0 即可。

8. 关于英雄榜

很多游戏都有英雄榜这一功能，贪吃蛇游戏也不例外，为了下一次开始新游戏的玩家也能够看到别人的成绩，所以采用文件来存储游戏记录。

首先加入头文件 fstream.h，以便使用写入读出函数 ifstream 和 ofstream。定义文件及变量存储成绩，将对话框中 EditBox 的变量设置成相应类型。例如：

```
CYsBestRecord dlg;
dlg.m_ysbestscore1=m_1bestscore;
```

上面所写的就是变量的传递，传递完毕后，对话框控件中就有了初值，可以正常显示分数。如果玩家成绩与英雄榜成绩相同，则根据时间来判断，若游戏时间短，则进入英雄榜。判断条件如下：

```
(m_ysScore>m_1bestscore||m_ysScore==m_1bestscore&&m_ysTime<m_1besttime)
        &&m_yslevelctrl==1
```

本程序默认游戏结束即显示英雄榜，但玩家如果想在没有游戏时查看英雄榜，也可以单击菜单"帮助"/"英雄榜"来查看。

9. 游戏设置

这里的游戏设置主要是指游戏的等级以及音效和音乐的播放控制。前面在变量声明中已经看到，关于这 3 个变量，已经进行了定义，只需要在按下相应键或鼠标键产生消息的时候，对变量值进行改变，再利用这些值控制相应功能的运行。以游戏音效为例，在选择菜单中的"游戏设置"→"音乐"→"音效开/关"后（即菜单消息 void CYuShuoView∷OnYsEffect()），代码如下：

```
switch(m_yseffectctrl)             //根据音效控制变量选择
{
case 1:                            //如果音效选择开
    m_yseffectctrl=0;              //将音效控制变量改为 0
    break;
case 0:                            //如果音效选择关
    m_yseffectctrl=1;              //将音效控制变量改为 1
    break;
}
```

其中在构造函数 CYuShuoView∷CYuShuoView() 中已经将 m_yseffectctrl 的初值设置为1。

10. 运行程序

程序开始运行后会进入游戏界面，但是不会立即进行游戏，单击"开始"菜单才会开始游戏。在游戏开始前，玩家可以根据自己的喜好，通过菜单或者工具栏设置游戏等级等。

在游戏过程中，按下空格键就会暂停游戏，再按下空格键则会继续游戏。

图3-15所显示的是系统菜单及其子菜单项。

(a) "游戏设置"菜单的"等级"子菜单　　(b) "游戏设置"菜单的"音乐"子菜单

(c) "帮助"菜单的子菜单选项　　(d) "游戏"菜单的子菜单项

图3-32　菜单样式及单击开始游戏

开始游戏了，小蛇越来越长，颜色也有所不同了。颜色的改变预示着游戏的难度加大了，并且，不同的最终得分会产生不同的死亡评语。

在前面的图3-31中显示了贪吃蛇死亡时的提示，其中因为该局游戏得分比较低，因此得到的评语是"你才得了这么两分！"；而如果得分较高，就会得到更好的评语，最好的评语是"牛！"。

图3-33所显示的是游戏开始后随着蛇长度的增加而改变颜色。

 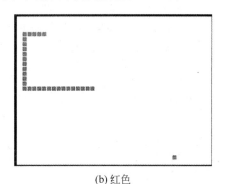

(a) 黄色　　　　　　　　　　　　　　(b) 红色

图3-33　蛇变颜色

如果不太会玩贪吃蛇这款游戏，那么可以单击菜单"帮助"→"游戏说明"，或者单击工

具条上的 **?**，寻求帮助，如图 3-34 所示。

如果你觉得自己实力很强，想看看别人的成绩，那么可以单击英雄榜查看，如图 3-35 所示。

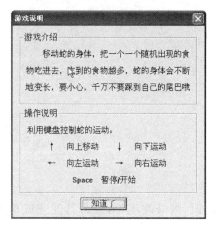

图 3-34　游戏说明

图 3-35　英雄榜样式

11. 存在的问题

本程序由于经常调用 Invalidate()函数重绘窗口，因此在游戏过程中频闪得非常严重。利用双缓冲技术可以解决这个问题，但是如果采用双缓冲技术，暂时还不能克服背景的问题，因为在双缓冲技术的应用中，背景是被强制默认为颜色，而不是图片。读者可以尝试解决这个问题。

另外，在编写游戏代码时，算法认为蛇的头部一旦撞到了自己的身体就认为游戏结束，因此当在游戏时先按了←键，接着又按了→键，就算游戏结束，这个问题也留给读者自己修改。

这个贪吃蛇程序相对而言比较复杂，可以参考本书的电子资料进行调试，首先调试成功，然后再进行分析、调整和修改等。

习题

1. 把例 3-1 与例 3-2 中的界面上的成绩排名修改为使用可编辑文本框（删除原先的滚动条），在文本框中输入名次，其他不改变，实现同样的功能。

2. 在例 3-3 中，再一次使用如下的语句段（在显示信息按钮事件中也有此段程序），为了减少代码，把下面程序段做成一个函数，然后调用函数以实现同样的功能。

```
CString Info;
if(m_cName_ys.IsEmpty())
{
    AfxMessageBox("请输入姓名!");
}
```

```
else
{
    Info="姓名："+m_cName_ys+"\n";
    CString temp;
    temp.Format("%d",m_nAge_ys);
    Info+="年龄："+temp+"\n";
    if(m_nMan_ys==0)
    {
        Info+="性别:男\n";
...
        Info+="语种:"+temp+"\n";
        AfxMessageBox(Info);
    }
}
```

3. 编译运行例 3-4 项目，如果有问题或者错误，则修改项目，使得其能完成例题要求的功能。

4. 读例 3-5 的程序，然后回答以下问题。

（1）m_pSet 是在哪里定义的？又是在哪里被赋值的？m_tongxinlu001Set 是什么类型的成员变量？

（2）h 是什么类型的对象？

（3）语句 m_pSet—>MoveFirst()实现什么功能？m_pSet—>IsEOF()的返回值类型是什么？

（4）语句 s.Format("%d",m_pSet—>m_column1)要实现什么功能？m_record.InsertItem(i,s)要实现什么功能？

（5）语句 m_record.SetItemText(i,1,m_pSet—>m_column2)要实现什么功能？

（6）语句 m_pSet—>MoveNext()要实现什么功能？

5. 在例 3-6 的程序中，语句 dlg.DoModal()==IDOK 的功能是什么？语句 m_pSet—>m_column2==dlg.m_name 的功能是什么？

6. 读例 3-7 程序，解释下面几个语句的意义。

```
m_pSet->AddNew();
m_pSet->m_column1=atoi(dlg.m_num);
m_pSet->m_column2=dlg.m_name;
```

7. 修改例 3-9 的程序，使得输入的姓名与专业都符合时，查找到该记录并显示在列表框中（例如，查找计算机专业的王晓敏）。

8. 修改例 3-11 中的程序，利用 Combo Box 输入所在院系。

9. 把例 3-11 数据表中的"出生年月"字段修改为日期型，输入出生年月时使用 Combo Box。

10. 编译运行贪吃蛇项目。

11. 操作贪吃蛇游戏的各个功能，分析该软件的缺点与问题。

12. 在下面的函数中,变量 m_yseffectctrl 是在哪里定义的,又是在什么地方被哪个函数所调用?

```
void CYuShuoView::OnYsEffect()
{
    //TODO: Add your command handler code here
    switch(m_yseffectctrl)              //根据音效控制变量选择
    {
    case 1:                             //如果音效选择开
        m_yseffectctrl=0;               //将音效控制变量改为 0
        break;
    case 0:                             //如果音效选择关
        m_yseffectctrl=1;               //将音效控制变量改为 1
        break;
    }
}
```

13. 图 3-27 中的前 4 个工具条按钮的 ID 分别是什么? 在程序中找到每个按钮的单击事件函数。

14. 在函数 OnKeyDown 中,有针对空格键的语句,分析该程序段,回答在程序运行后,按下空格键会出现什么情形? 其中两个 if 语句的功能分别是什么?

```
void CYuShuoView::OnKeyDown(UINT nChar, UINT nRepCnt, UINT nFlags)
{
    //TODO: Add your message handler code here and/or call default
    switch(nChar)
    {
        ...
    case VK_SPACE:                      //按下空格键
        if(m_yspausectrl==1)            //如果控制暂停变量为 1
        {
            KillTimer(1);               //暂停游戏
            m_yspausectrl=0;            //令控制暂停变量为 0
            break;
        }
        if(m_yspausectrl==0)            //如果控制暂停变量为 0
        {
            SetTimer(1,100,NULL);       //继续游戏
            m_yspausectrl=1;            //令控制暂停变量为 1
            break;
        }
    }
    CView::OnKeyDown(nChar, nRepCnt, nFlags);
}
```

15. 下面的程序段是 OnYsPause() 函数，是工具条第一个按钮的单击事件函数，其中的变量 m_yspausectrl 是在哪里定义的，其值又是在哪个函数中传过来？

```
void CYuShuoView::OnYsPause()
{
    //TODO: Add your command handler code here
    switch(m_yspausectrl)                    //控制暂停变量
    {
    case 0:                                  //若控制暂停变量为 0
        SetTimer(1,100,NULL);                //继续游戏
        m_yspausectrl=1;                     //令控制暂停变量为 1
        break;
    case 1:                                  //若控制暂停变量为 1
        KillTimer(1);                        //暂停游戏
        m_yspausectrl=0;                     //令控制暂停变量为 0
        break;
    }
}
```

16. 在贪吃蛇项目中，在函数 void CYuShuoView∷OnDraw(CDC * pDC) 中哪些语句是建立单文档项目时自动生成的？

在语句 dcMemory.CreateCompatibleDC(pDC); 中，dcMemory 是什么类型的对象？参数 pDC 是什么类型的对象或者变量？其值来自于哪里？

解释语句 CBitmap bmp1; 与 bmp1.LoadBitmap(IDB_YS_BITMAP); 的含义。

17. 如何修改程序可以使得图 3-28 所示的蛇的运动区域扩大？同时还需要修改哪些地方？

18. 下面的语句是定义画笔与画刷的语句，实际上，画笔与画刷是 Visual C++ 定义的两个类，利用画笔和画刷可以绘制出更加精细、更加多彩的图形。查找资料，利用画笔与画刷编写程序，绘制图形。

```
CPen yspen1;
yspen1.CreatePen(1,1,RGB(255,255,255));           //定义白色画笔绘制蛇的边框
pDC->SelectObject(&yspen1);
```

19. 在初始化游戏的函数 void CYuShuoView∷YsInitGame() 中，有对象 m_ysBody，该对象是什么对象？是在哪里定义的？

20. 解释下面函数中的语句。

```
void CYuShuoView::OnYsBest()
{
    //TODO: Add your command handler code here
    ifstream in("score.txt");
    CYsBestRecord dlg;
    int m_1bestscore, m_2bestscore, m_3bestscore, m_1besttime,
```

```
        m_2besttime, m_3besttime;
    in>>m_1bestscore>>m_1besttime>>m_2bestscore>>m_2besttime>>
        m_3bestscore>>m_3besttime;
    dlg.m_ysbestscore1=m_1bestscore;
    ...
}
```

21. 下面是函数 OnYsStop() 的代码，读程序，然后回答问题。

```
void CYuShuoView::OnYsStop()
{
    //TODO: Add your command handler code here
    CYsRetry ysDlg;
    if(ysDlg.DoModal()==IDOK)
    {
        YsInitGame();                        //初始化游戏
        switch(m_ysmusicctrl)                //根据音效控制变量决定是否播放音乐
        {
        case 1:                              //如果音效选择开
            //播放导入的音乐
            ::PlaySound(MAKEINTRESOURCE(IDR_YS_BKGMUSIC),
                    AfxGetResourceHandle(),SND_ASYNC|
                    SND_RESOURCE|SND_LOOP);
            break;
         case 0:                             //如果音效选择关
            break;
        }
        SetTimer(1,100,NULL);                //设置时间
        Invalidate();                        //重绘窗口
    }
}
```

（1）CYuShuoView 与 OnYsStop() 是什么关系？

（2）类对象 ysDlg 对应图 3-25 中的哪个对话框？

（3）ysDlg.DoModal()==IDOK 的含义是什么？

（4）为什么要调用函数 YsInitGame()？

（5）::PlaySound 的前面为什么没有对象名或类名？

（6）参数 MAKEINTRESOURCE(IDR_YS_BKGMUSIC)中的 IDR_YS_BKGMUSIC 对应资源文件夹中的哪个音乐文件？

（7）函数 SetTimer(1,100,NULL)的功能是什么？

22. 读下面的程序段，有一段代码重复调用，如何修改这段代码以缩短程序？

```
if(k<=10)                                //如果小于 10,就为绿色
{
    ysbrush.CreateSolidBrush(RGB(0,255,0));
```

```
        pDC->SelectObject(&ysbrush);
        //绘制食物
        pDC->Rectangle(
            CRect(349+m_ysFood.y * 10,
            144+m_ysFood.x * 10,
            349+(m_ysFood.y+1) * 10,
            144+(m_ysFood.x+1) * 10)
            );
    }
    else if(k>10&&k<=20)                        //如果在 10 和 20 之间,就为绿色
    {
        ysbrush.CreateSolidBrush(RGB(0,0,255));
        pDC->SelectObject(&ysbrush);
        //绘制食物
        pDC->Rectangle(
            CRect(349+m_ysFood.y * 10,
            144+m_ysFood.x * 10,
            349+(m_ysFood.y+1) * 10,
            144+(m_ysFood.x+1) * 10)
            );
    }
    else if(k>20&&k<=30)                        //如果在 20 和 30 之间,就为绿色
    {
        ysbrush.CreateSolidBrush(RGB(255,255,0));
        pDC->SelectObject(&ysbrush);
        //绘制食物
        pDC->Rectangle(
            CRect(349+m_ysFood.y * 10,
            144+m_ysFood.x * 10,
            349+(m_ysFood.y+1) * 10,
            144+(m_ysFood.x+1) * 10)
            );
    }
    else                                        //其余情况均为红色
    {
        ysbrush.CreateSolidBrush(RGB(255,0,0));
        pDC->SelectObject(&ysbrush);
        //绘制食物
        pDC->Rectangle(
            CRect(349+m_ysFood.y * 10,
            144+m_ysFood.x * 10,
            349+(m_ysFood.y+1) * 10,
            144+(m_ysFood.x+1) * 10)
            );
```

```
}
```

23. 修改贪吃蛇程序,把 m_ysBody 做成数组,给蛇多几条命,等级不同,命的条数会增加。

24. 读修改后的一段贪吃蛇项目中的程序,回答修改后的这段程序要实现什么功能。

```cpp
class CYuShuoView :public CView
{
  protected:
    CYuShuoView();
    DECLARE_DYNCREATE(CYuShuoView)
  public:
    //在判断长度计分处加入代码
    switch(m_yslevelctr)
    {
      case 1:
        if(m_ysScore==6)
        {
            KillTimer(1);
            SetTimer(1,90,NULL);
        }
        else if(m_ysScore==36)
        {
            KillTimer(1);
            SetTimer(1,80,NULL);
        }
        else if(m_ysScore==86)
        {
            KillTimer(1);
            SetTimer(1,70,NULL);
        }
        else if(m_ysScore==166)
        {
            KillTimer(1);
            SetTimer(1,60,NULL);
        }
      case 2:
        if(m_ysScore==6)
        {
            KillTimer(1);
            SetTimer(1,50,NULL);
        }
        else if(m_ysScore==36)
        {
            KillTimer(1);
```

```
                SetTimer(1,40,NULL);
        }
        else if(m_ysScore==86)
        {
                KillTimer(1);
                SetTimer(1,30,NULL);
        }
        else if(m_ysScore==166)
        {
                KillTimer(1);
                SetTimer(1,20,NULL);
        }
    }
}
```

第4章 人力资源管理系统分析与实现

人力资源管理是企业管理的重要组成部分,在企业经济运作的过程中起着至关重要的作用。面对大量的人事信息,采用人工处理既浪费时间,又浪费人力物力,并且数据准确性也不能保证,因此开发一个功能完善、操作简易的人力资源管理系统来进行自动化办公是十分重要的。

4.1 人力资源管理系统概述

人力资源管理系统(Human Resources Management System,HRMS)是一种特殊的信息管理系统,因为它内容丰富,涉及的知识比较多,所以被软件开发人员所重视。

4.1.1 人力资源管理系统的功能需求

人力资源管理系统的使用者可以分为系统管理员、人力资源管理人员、普通员工、财务后勤人员和应聘人员等。

一般人力资源管理系统的功能包括用户登录、人事档案管理、人事管理、日常管理和薪金管理等,各个不同的用户会根据公司的规模以及自身的特点提出不同的具体的需求。

用户登录包括各种使用者登录,登录后为其提供相应的操作。

人事档案管理一般从应聘者填写信息开始,如果一旦应聘者被录用,其信息被自动录入到系统作为档案资料之一存储起来。以后涉及员工调动、提升和奖惩等信息时可以自动从其他模块中操作档案数据表,直接写入数据表中。个别信息等也可以通过档案系统的对话框完成。

人事管理包括各种人员录用、人员调动和职务职称管理等。

日常管理包括员工请假管理、奖励惩罚记载和工作量完成状况记录等。

薪金管理包括员工薪金的录入、修改、查询和打印输出等。

对于一个较小的人力资源管理系统,档案管理比较简单,应聘系统等可以删除或者简化,系统规模可以缩小。另外,系统管理员与人力资源管理人员可以是同一人,可以不向应聘人员提供登录的功能,由系统(人力资源)管理员为应聘者输入信息。事实上,对于较小的人力资源管理系统,系统管理员、人力资源管理人员以及财务后勤人员可以由一个人承担。

本章设计一个简单的人力资源管理系统,用来说明一些基本的问题,介绍一些基本的系统分析及程序设计技术方法。

4.1.2 常规的数据库表设计

一般公司人力资源管理工作所需要的数据表格大体相同,一般包括如下信息:

（1）用户信息：用户名、密码等。

（2）雇用员工信息：姓名、联系方式、年龄、学历等。

（3）工资信息：员工姓名、职位、考勤、工资等。

（4）应聘信息：姓名、性别、学历、年龄、工作需要、工作经验等。

（5）考勤信息：员工编号、打卡时间、迟到时间、工作时间。

（6）考核信息：考试内容、方式、考试人员、成绩。

（7）部门信息：部门名称、职责。

（8）职位信息：职位名称、职位工作。

（9）人员调动信息：员工姓名、现在岗位号、要调动的岗位。

可以根据上述信息，再结合系统程序设计的需要，确定软件系统的数据库表以及各个表的结构。

4.1.3 本系统的数据库表设计

本系统的数据库采用 Microsoft SQL Server 2000，数据库名为 RLZY，在数据库中设计了 5 个表。

打开本系统的数据库，一共有 25 个表，如图 4-1 所示。其中大写字母的 5 个表是由开发人员设计创建的，其他的表都是系统自动生成的。

dtproperties	KQ	syscolumns	syscomments
sysdepends	sysfilegroups	sysfiles	sysfiles1
sysforeignkeys	sysfulltextcatalogs	sysfulltextnotify	sysindexes
sysindexkeys	sysmembers	sysobjects	syspermissions
sysproperties	sysprotects	sysreferences	systypes
sysusers	YGGZ	YGXX	YH
YJKH			

图 4-1　数据库中的数据表

系统自动生成的表用于实现数据库的一些默认功能。其中表 sysfiles 结构如图 4-2 所示，表 sysobjects 结构如图 4-3 所示，表中记载文件存储目录和创建时间等信息。

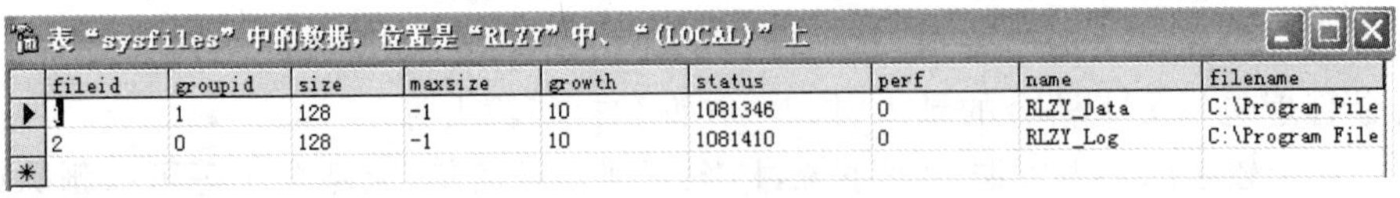

图 4-2　数据表 sysfiles

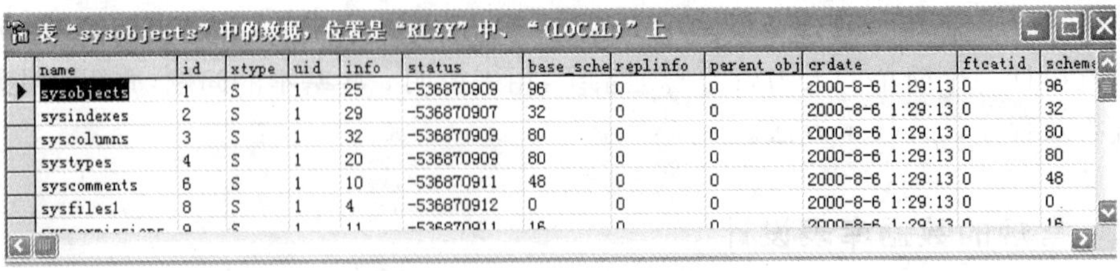

图 4-3　数据表 sysobjects

数据库 RLZY(人力资源)中的 5 个用户自定义的表分别是用户表(YH)、员工信息表(YGXX)、员工工资表(YGGZ)、考勤表(KQ)和业绩考核表(YJKH)。

表 YH 是存储登录用户名和密码的表，其结构如图 4-4 所示。

表 YGXX 是存储员工信息的表，其结构如图 4-5 所示；表 YGGZ 是存储员工工资的表，其结构如图 4-6 所示；表 KQ 是存储员工考勤信息的表，其结构如图 4-7 所示；表 YJKH 是存储员工考核信息的表，其结构如图 4-8 所示。

"RLZY" 中 (在 "(LOCAL)" 上) 的新表

列名	数据类型	长度	允许空
name	char	20	✓
mima	char	10	✓

图 4-4　登录用户信息表 YH

设计表 "YGXX"，位置是 "RLZY" 中、"(LOCA

列名	数据类型	长度	允许空
num	int	4	
name	char	20	
sex	char	2	✓
birth	datetime	8	✓
adress1	char	10	✓
adress2	char	10	✓
telephone1	int	4	✓
telephone2	int	4	✓
bumen	char	10	✓
zhiwu	char	10	✓
zhicheng	char	10	✓
biyexuexiao	char	30	✓
xueli	char	10	✓

图 4-5　员工信息表 YGXX

设计表 "YGGZ"，位置是 "RLZY" 中、"(LOCA

列名	数据类型	长度	允许空
num	int	4	
jbgz	money	8	✓
gwjt	money	8	✓
jxgz	money	8	✓
qtdf	money	8	✓
kgjj	money	8	✓
kylbx	money	8	✓
ksybx	money	8	✓
ksdf	money	8	✓
kqt	money	8	✓

图 4-6　员工工资表 YGGZ

设计表 "KQ"，位置是 "RLZY" 中、"(LOCAL)

列名	数据类型	长度	允许空
ymd	datetime	8	
kuangzhi	char	100	✓
shijia	char	100	✓
bingjia	char	100	✓

图 4-7　员工考勤信息表 KQ

设计表 "YJKH"，位置是 "RLZY" 中、"(LOCA

列名	数据类型	长度	允许空
num	int	4	
jiangli	char	100	✓
chufen	char	100	✓
jiangjin	char	10	✓
fakuan	char	10	✓
ymd	datetime	8	✓

图 4-8　员工考核信息表 YJKH

其中，用户表 YH 中有两个字段，是 name(姓名)和 mima(密码)；

员工信息表 YGXX 中的字段是 num(工号)、name(姓名)、sex(性别)、birth(出生年月日)、address1(地址一)、address2(地址二)、telephone1(电话一)、telephone2(电话二)、bumen(部门)、zhiwu(职务)、zhicheng(职称)、biyexuexiao(毕业学校)和 xueli(学历)；

员工工资表 YGGZ 中的字段有 num(工号)、jbgz(基本工资)、gwjt(岗位津贴)、jxgz(绩效工资)、qtdf(其他代发)、kgjj(扣公积金)、kylbx(扣养老保险)、ksybx(扣失业保险)、ksdf(扣水电费)和 kqt(扣其他)；

考勤表 KQ 中的字段有 ymd(年月日)、kuangzhi(旷职)、shijia(事假)和 bingjia(病假)。

业绩考核表 YJKH 中的字段有 num(工号)、jiangli(奖励)、chufen(处分)、jiangjin(奖金)、fakuan(罚款)和 ymd(年月日)。

上面的数据库表的设计不是最合理的，不过数据库表的设计并不是唯一的，与程序代码一样，可以根据实际需要进行修改。

4.2 数据库操作类的实现与主界面设计

前面对人力资源系统进行了初步的介绍,从本节开始继续分析实现一个简单的人力资源管理系统,以此来研究实现数据库操作类以及界面制作功能。

4.2.1 建立项目与设计主菜单

建立对话框项目 RLZY,各个选项都使用默认值。

在对话框设计界面删除"确定"与"取消"按钮。

给对话框添加菜单,首先进入 ResourcesView 栏,右击 RLZY resources,在弹出的菜单中选择 Insert 选项(如图 4-9 所示),弹出如图 4-10 所示的对话框。

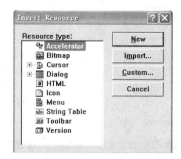

图 4-9 弹出插入资源菜单　　　　　图 4-10 插入资源对话框

选择 Menu 选项,单击 New 按钮,出现菜单设计窗口,设计菜单,如图 4-11 与表 4-1 所示。

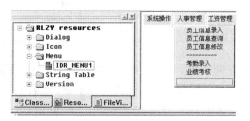

图 4-11 设计系统主菜单

表 4-1 各个菜单项及其 ID

系统操作		人事管理		工资管理	
Caption	ID	Caption	ID	Caption	ID
注册	ZC	员工信息录入	YGXXLR	工资登记	GZDJ
登录	DL	员工信息查询	YGXXCX	工资列表	GZLB
退出	TC	员工信息修改	YGXXXG	工资查询	GZCX
		考勤录入	KQLR	管理工资	GLGZ
		业绩考核	YJKH		

4.2.2 数据库连接与操作函数设计

右击 ClassView,选择 New Class(如图 4-12 所示),弹出建立新类对话框。在 Class type 栏选择 Generic Class,在 Name 栏写入类名,本例为 S,如图 4-13 所示。

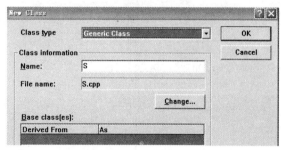

图 4-12　使用右键菜单　　　　　　　图 4-13　建立新类对话框

建立新类 ADO 后,自动生成了文件 S.h 与 S.cpp,其中有一些有关类的必要的代码。

在文件 S.h 中加入连接数据库的必要语句、两个变量定义以及几个函数定义后,代码如下所示:

```
# import "C:\Program Files\Common Files\System\ado\msado15.dll" no_namespace
rename("EOF","adoEOF") rename("BOF","adoBOF")
class S
{
    _ConnectionPtr m_pCon;
    _RecordsetPtr m_pRecord;
public:
    S();
    virtual ~S();
void OnInitADOConn();
    _RecordsetPtr& GetRecordSet(_bstr_t bstrSQL);
    BOOL ExecuteSQL(_bstr_t bstrSQL);
    void ExitConnect();
};
# endif
```

文件 ADO.cpp 添加了函数定义以后如下所示:

```
# include "stdafx.h"
# include "RLZY.h"
# include "S.h"

# ifdef _DEBUG
# undef THIS_FILE
```

```
static char THIS_FILE[]=__FILE__;
#define new DEBUG_NEW
#endif
S::S()
{
}
S::~S()
{
}
void  S::OnInitADOConn()
{
    ::CoInitialize(NULL);
    try
    {
        m_pCon.CreateInstance("ADODB.Connection");
        _bstr_t strConnect="Provider=SQLOLEDB; Server=127.0.0.1;Database=
        RLZY; uid=sa; pwd=;";
        m_pCon->Open(strConnect,"","",adModeUnknown);
    }
    catch(_com_error e)
    {
        AfxMessageBox(e.Description());
    }
}
_RecordsetPtr&  S::GetRecordSet(_bstr_t bstrSQL)
{
    try
    {
        if(m_pCon==NULL)
            OnInitADOConn();
        m_pRecord.CreateInstance(__uuidof(Recordset));
        m_pRecord->Open(bstrSQL,m_pCon.GetInterfacePtr(),adOpenDynamic,
        adLockOptimistic,adCmdText);
    }
    catch(_com_error e)
    {
        AfxMessageBox(e.Description());
    }
    return m_pRecord;
}
BOOL S::ExecuteSQL(_bstr_t bstrSQL)
{
    try
```

```
    {
        if(m_pCon==NULL)
            OnInitADOConn();
        m_pCon->Execute(bstrSQL,NULL,adCmdText);
        return true;
    }
    catch(_com_error e)
    {
        AfxMessageBox(e.Description());
        return false;
    }
}
void S::ExitConnect()
{
    if (m_pRecord !=NULL)
        m_pRecord->Close();
    m_pCon->Close();
    ::CoUninitialize();
}
```

此时,如果运行程序,就可以连接数据库了。但是,现在因为没有设计其他程序,所以还不能对数据库进行添加记录、显示记录和删除记录等实质性操作。

4.2.3 菜单的添加

4.2.2 节中的项目运行后,菜单没有显示在对话框上,如图 4-14 所示。

下面研究如何实现菜单的显示功能。

进入 **RLZYDlg.cpp**,找到函数 CRLZYDlg::OnInitDialog(),加入实现并显示菜单的程序代码,如下所示,其中加黑的代码行是后加入的程序语句。

图 4-14 建立新类对话框

```
BOOL CRLZYDlg::OnInitDialog()
{
    CDialog::OnInitDialog();
    //Add "About..." menu item to system menu
    //IDM_ABOUTBOX must be in the system command range
    ASSERT((IDM_ABOUTBOX & 0xFFF0)==IDM_ABOUTBOX);
    ASSERT(IDM_ABOUTBOX< 0xF000);
    CMenu * pSysMenu=GetSystemMenu(FALSE);
    if (pSysMenu !=NULL)
    {
```

```
        CString strAboutMenu;
        strAboutMenu.LoadString(IDS_ABOUTBOX);
        if (!strAboutMenu.IsEmpty())
        {
            pSysMenu->AppendMenu(MF_SEPARATOR);
            pSysMenu->AppendMenu(MF_STRING, IDM_ABOUTBOX, strAboutMenu);
        }
    }
    //Set the icon for this dialog.  The framework does this automatically
    //when the application's main window is not a dialog
    SetIcon(m_hIcon, TRUE);                 //Set big icon
    SetIcon(m_hIcon, FALSE);                //Set small icon

    //TODO: Add extra initialization here
    CMenu m_menu;
    m_menu.LoadMenu(IDR_MENU1);
    SetMenu(&m_menu);

    return TRUE;            //return TRUE unless you set the focus to a control
}
```

运行项目，弹出如图 4-15 所示的对话框。单击"系统操作"、"人事管理"与"工资管理"会弹出相应的菜单，如图 4-16 所示。不过这些菜单还不能进行工作，需要继续编写程序。

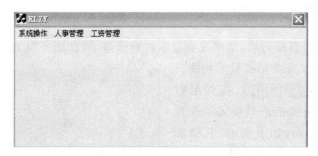

图 4-15　在对话框上显示主菜单

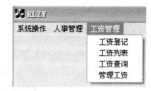

(a) 系统操作子菜单　　　　(b) 人事管理子菜单　　　　(c) 工资管理子菜单

图 4-16　主菜单各项的子菜单

使用类向导为各个菜单项添加单击事件函数,以便在这些函数中填写代码,完成各种功能。添加过程如图 4-17 所示。

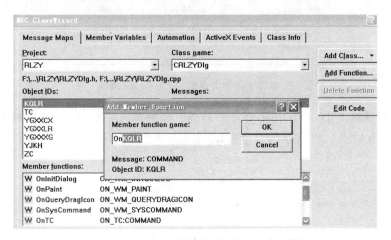

图 4-17 为各个菜单项添加单击事件函数

下面研究这个简单的人力资源管理系统的各个菜单功能的实现。

4.3 注册登录功能的实现

本节研究如何实现注册登录功能。注册登录是一个系统的基本的功能,对于人力资源管理系统来说是不可缺少的。用户首先要进行注册,然后才能登录。该系统程序提供给管理员一个账号与密码,账号与密码都写在程序中。管理员登录后,由管理员为用户注册。

4.3.1 注册功能的实现

(1) 添加注册对话框。右击资源栏的 Dialog,加入新对话框,然后添加控件,如图 4-18 所示。

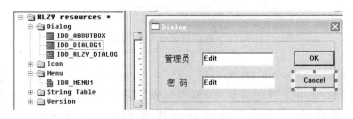

图 4-18 添加设计管理员登录对话框

把对话框名 IDD_DIALOG1 修改为 IDD_Administrator。

右击密码文本框,打开文本框的属性设置窗口,选择 Styles,选中 Password,如图 4-19 所示,这样在输入密码时,不会显示出输入的具体信息,每个字母都会用"＊"代替。

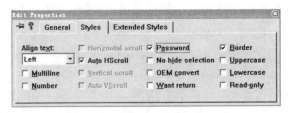

图 4-19　选中文本框的 Password 属性

（2）给对话框 IDD_Administrator 添加类。如果单击主菜单 View 中的 ClassWizard 选项，自动弹出如图 4-20 所示的对话框，单击 OK 按钮为对话框创建一个新类，其基类为 CDialog，如图 4-21 所示。

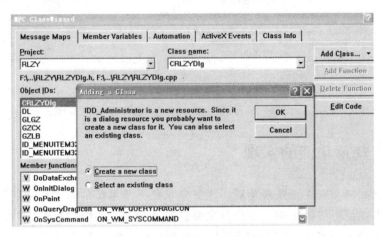

图 4-20　为对话框创建新类

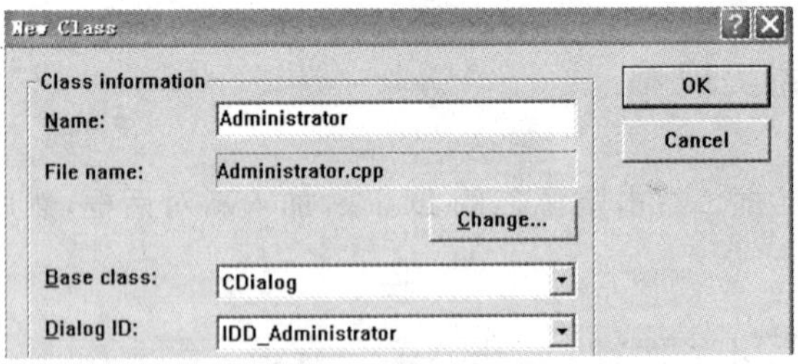

图 4-21　对话框的基类为 CDialog

系统会自动生成 Administrator.cpp 文件与 Administrator.h 文件。在其他程序中，只要把 Administrator.h 文件包含进来，就可以创建并显示对话框 IDD_Administrator。

如果单击主菜单 View 中的 ClassWizard 选项，没有自动弹出如图 4-20 所示的对话框，那么单击 Add Class 按钮，为对话框添加类，步骤与图 4-20、图 4-21 一样。

（3）把 Administrator.h 包含进来，如下所示，其中前 3 个语句是程序自动生成的，只有第 4 个语句（粗体显示）是后加入的。

```
#include "stdafx.h"
```

```
#include "RLZY.h"
#include "RLZYDlg.h"
#include "Administrator.h"
```

然后使用类向导,在 RLZYDlg. cpp 中加入菜单项 ZC(注册)的单击事件(如果该菜单项的单击事件函数已经添加,则该步省略),在 void CRLZYDlg::OnZC()中加入代码,弹出管理员登录对话框。

```
void CRLZYDlg::OnZC()
{
    //TODO: Add your command handler code here
    Administrator adm;
    adm.DoModal();
}
```

(4) 为 Administrator 对话框的 OK 按钮添加单击事件,在其中编写代码,如下所示:

```
#include "REG.h"

void Administrator::OnOK()
{
    //TODO: Add extra validation here
    CString Gname, Gcode;
    CString name="guanliyuan",code="123456";
    GetDlgItemText(IDC_EDIT1, Gname);
    GetDlgItemText(IDC_EDIT2, Gcode);
    Gname.Replace(" ", "");
    if(Gname.IsEmpty())
    {
        MessageBox("管理员名不能为空!", "提示", MB_OK | MB_ICONWARNING);
        GetDlgItem(IDC_EDIT1)->SetFocus();
    }
    if(Gcode.IsEmpty())
    {
        MessageBox("管理员密码不能为空!", "提示", MB_OK | MB_ICONWARNING);
        GetDlgItem(IDC_EDIT2)->SetFocus();
    }
    if(Gname.Compare(name)==0&&Gcode.Compare(code)==0)
    {
        REG reg;
        reg.DoModal();
    }
    CDialog::OnOK();
}
```

在这个程序中,语句#include "REG. h"是把头文件 REG. h 包含进来,这个头文件是对话框类 REG 的头文件，语句 REG reg；与 reg.DoModal()；是创建对象并显示对话框 IDD_REG，对话框 IDD_REG 是用户注册对话框，现在需要创建并添加到项目中。

（5）添加并设计用户注册对话框，如图 4-22 所示。

图 4-22　添加并设计用户注册对话框 IDD_REG

然后使用类向导为对话框 IDD_REG 添加类 REG。

（6）把注册信息输入到数据库中。

为对话框 IDD_REG 中的"注册"按钮添加单击事件，然后在该单击事件函数中填写代码，如下所示：

```
void REG::OnOK()
{
    //TODO: Add extra validation here
    CString Yname, Ycode;
    GetDlgItemText(IDC_EDIT1, Yname);
    GetDlgItemText(IDC_EDIT2, Ycode);
    //UpdateData(TRUE);
    S m_Adoconn;
    m_Adoconn.OnInitADOConn();
    //设置 INSERT 语句
    _bstr_t vSQL;
    vSQL="INSERT INTO YH VALUES('"+Yname+"','" +Ycode +"')";
    m_Adoconn.ExecuteSQL(vSQL);
    //断开与数据库的连接
    m_Adoconn.ExitConnect();

    CDialog::OnOK();
}
```

编译运行项目，弹出主界面，单击"系统操作"→"注册"后，会弹出管理员登录对话框，如图 4-23 所示，输入管理员账号 guanliyuan 和密码 123456，单击 OK 按钮后，会弹出用户注册对话框，如图 4-24

图 4-23　管理员登录对话框

所示。在图 4-24 所示的对话框中输入用户名与密码，单击"注册"按钮，就会把用户名与用户密码写入数据表 YH 中，写入后打开 YH 表，如图 4-25 所示。

注册功能实现后，下面设计用户登录功能，使用户使用注册的账号（用户名）与密码就可以登录系统。

图 4-24　用户注册对话框　　　　　图 4-25　用户名与密码写入数据表

4.3.2　登录功能的实现

登录功能的实现主要是先提取数据表 YH 中的信息，然后与登录对话框上的信息对比，查找到有符合的即可以实现登录操作。具体实现过程如下。

(1) 添加登录对话框 IDD_Denglu，为该对话框添加类，类名为 Denglu，给对话框上的"登录"按钮添加单击事件(见图 4-26)。

图 4-26　添加并设计用户登录对话框

(2) 把语句♯include "Denglu. h"添加到 Denglu. cpp 中，然后在 Denglu∷OnOK()中填写代码，如下所示：

```
void Denglu::OnOK()
{
    //TODO: Add extra validation here
    CString Yname, Ycode;
    GetDlgItemText(IDC_EDIT1, Yname);
    GetDlgItemText(IDC_EDIT2, Ycode);
    //UpdateData(TRUE);
    bool b;
    S m_Adoconn;
    m_Adoconn.OnInitADOConn();
    _bstr_t vSQL;
    vSQL="select count(*) from YH where name='%s'", Yname+"and where mima=
    '%s'", Ycode;
    b=m_Adoconn.ExecuteSQL(vSQL);
    if(b==TRUE)
    {
```

```
        //在这里添加登录成功后要执行的语句,例如,登录成功后使各个菜单可用等
    }
    m_Adoconn.ExitConnect();

    CDialog::OnOK();
}
```

登录成功后,对话框关闭,这是语句CDialog::OnOK()的作用。

这个程序运行后,登录成功,没有实现任何其他有效的控制,一般都是首先设置所有菜单或者一些菜单不可用,登录后自动变为可用,这个工作留做习题。

4.3.3 主菜单退出功能的实现

下面实现主菜单中的退出功能。

(1) 使用类向导为主菜单"系统操作"中的菜单项"退出"添加单击事件函数,添加到CRLZYDlg.cpp中,如图4-27所示。

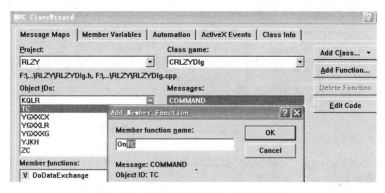

图4-27 添加菜单项的单击事件函数

(2) 在RLZYDlg.cpp中找到函数void CRLZYDlg::OnTC(),在其中加入退出程序语句,如下所示:

```
void CRLZYDlg::OnTC()
{
    //TODO: Add your command handler code here
    exit(0);
}
```

语句exit(0)是退出整个项目程序。

4.4 人事管理部分功能的实现

在4.3节中实现了注册与登录等功能,在本节中实现人事管理的部分功能。

具体的工作是首先使用类向导为菜单项YGXXLR(员工信息录入)、YGXXCX(员工

信息查询)、KQLR(考勤录入)等添加单击事件函数,然后在各个事件函数中填写代码,完成录入与查询等功能。本节只是初步实现了一些基本的功能,需要进一步完善的地方还有很多,这些留做习题。

4.4.1 员工信息录入

员工信息录入是一项最基本的工作,所以首先实现这一功能。

(1) 设计添加员工信息对话框 IDD_XXLR,如图 4-28 所示。

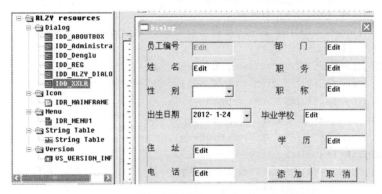

图 4-28 添加并设计员工信息录入对话框

出生日期使用的是工具栏中的 Date Time Picker 控件,其图标是 。运行后,可以选择日历上的日期,如图 4-29 所示。

(2) 使用类向导的 new 命令按钮为对话框 XXLR 添加类,类名为 Xxlr,如图 4-30 所示。

图 4-29 在 Data Time Picker 控件上
选择时间

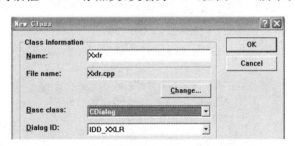

图 4-30 为对话框 IDD_XXLR 添加类 Xxlr

(3) 在 RLZYDlg.cpp 中找到函数 OnYGXXLR(),在其中添加代码,调用安装对话框语句,如下所示:

```cpp
void CRLZYDlg::OnYGXXLR()
{
    //TODO: Add your command handler code here
    Xxlr xxlr;
    xxlr.DoModal();
}
```

（4）在"添加"按钮的单击事件中加入语句，完成添加记录的功能，代码如下：

```cpp
void Xxlr::OnButton1()
{
    //TODO: Add your control notification handler code here
    CString cbianhao,cxingming,cxingbie,cchusheng,czhuzhi,cdianhua,cbumen,
        czhiwu,czhicheng,cbiyexuexiao,cxueli;
    SYSTEMTIME cbirthtime;
    GetDlgItemText(IDC_EDIT1, cbianhao);
    GetDlgItemText(IDC_EDIT2, cxingming);
    GetDlgItemText(IDC_COMBO1, cxingbie);
    ((CDateTimeCtrl *)GetDlgItem(IDC_DATETIMEPICKER1))->GetTime
        (&cbirthtime);
    GetDlgItemText(IDC_EDIT4, czhuzhi);
    GetDlgItemText(IDC_EDIT5, cdianhua);
    GetDlgItemText(IDC_EDIT6, cbumen);
    GetDlgItemText(IDC_EDIT7, czhiwu);
    GetDlgItemText(IDC_EDIT8, czhicheng);
    GetDlgItemText(IDC_EDIT9, cbiyexuexiao);
    GetDlgItemText(IDC_EDIT10, cxueli);
    cchusheng= (char)cbirthtime.wYear;
    cchusheng=cchusheng+ (char)cbirthtime.wMonth;
    cchusheng=cchusheng+ (char)cbirthtime.wDay;
    S m_Adoconn;
    m_Adoconn.OnInitADOConn();
    //设置 INSERT 语句
    _bstr_t vSQL;
    vSQL ="INSERT INTO YGXX VALUES('"+cbianhao+"','" +cxingming+"','"
        +cxingbie+"','"+cchusheng+"','" +czhuzhi+"','"+cdianhua+"','"
        +cbumen+"','" +czhiwu+"','" +czhicheng+"','" +cbiyexuexiao+"','"
        +cxueli+"')";
    m_Adoconn.ExecuteSQL(vSQL);
    //断开与数据库的连接
    m_Adoconn.ExitConnect();
}
```

上面的程序可以实现员工信息的添加功能，只是在写入时间时存在问题，如图 4-31 所示，这个问题留作课后习题。

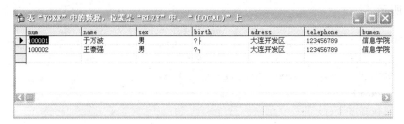

图 4-31　员工信息写入数据表中，时间没有正确写入

关于 SYSTEMTIME 类型的时间,有下面的结构体类型定义:

```
typedef struct _SYSTEMTIME {
    WORD wYear;
    WORD wMonth;
    WORD wDayOfWeek;
    WORD wDay;
    WORD wHour;
    WORD wMinute;
    WORD wSecond;
    WORD wMilliseconds;
}
```

为了便于实现添加功能,在本节中,把数据表中的各种类型都定义(修改)成了 varchar 类型,与 4.1 节中图 4-5 有些差别,这样修改后有一些缺点,例如有时在调用数据表中的数据时,还需要进行转换才可以使用等。

(5) 在"取消"按钮的单击事件中加入语句 CDialog∷OnOK(),单击"取消"按钮,退出程序。

```
void Xxlr::OnButton2()
{
    //TODO: Add your control notification handler code here
    CDialog::OnOK();
}
```

上面的程序在录入员工信息时没有检查是否该员工信息已经被录入;另外,员工编号是一个重要的字段,几乎每个表中都有该字段,在员工信息录入时,应该自动为员工编号,每输入一个员工,编号增加 1。

4.4.2 员工信息查询

关于员工查询,要实现的功能是可以根据姓名、职称或学历等查询,也可以根据一些组合信息进行查询,例如查询职称是教授同时学历是博士研究生的员工。

从本节开始,不再具体实现每一个功能,而是侧重于分析研究如何实现。设计查询对话框如图 4-32 所示。

项目运行后,单击主菜单中的"人事管理"中的"员工信息查询"菜单项,弹出如图 4-32 所示的对话框,如果只填写其中的一项,例如填写"姓名"为"于万波",那么单击查找后,在 YGXX 表中查找姓名(字段 name)为"于万波"的记录;如果填写两项以上,则认为是要查询同时满足这些条件的记录。

程序实现的基本方法是首先使用 GetDlgItemText()语句取出文本框中的信息,然后判断哪个不为空,根据不为空的文本框对应的字段到数据表中去查找,查找时构造 SQL 语句,然后执行该 SQL 语句。

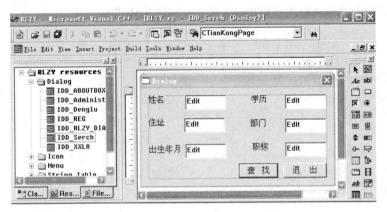

图 4-32　添加设计员工查找对话框

找到记录后显示在弹出的消息对话框中。

4.4.3　考勤信息录入

考勤信息主要是为了计算工资和考核员工业绩。

数据库中有考勤表 KQ，考勤信息录入程序主要是操作该考勤表。

考勤表 KQ 以 ymd（年月日字段）为主键，记载每一天中旷工、请事假和请病假的员工，分别写在相应的字段中，可以写入员工编号，两个编号中间用空格分开，如图 4-33 所示。

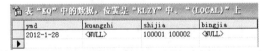

图 4-33　将出勤信息写入 KQ 数据表中

还可以使用其他方法构造考勤表，例如以员工编号为主键，把日期写入 kuangzhi、shijia 或 bingjia 等字段。

还可以构造两个表完成考勤信息的录入。

4.5　工资管理部分功能分析

本节研究如何实现工资管理的部分功能。

首先使用类向导为菜单项 GZDJ（工资登记）、GZLB（工资列表）、GZCX（工资查询）、GLGZ（管理工资）等添加单击事件函数，然后在各个事件函数中填写代码，完成录入、查询与打印等功能。

4.5.1　工资登记

在每月发工资时，都需要对每一个员工工资的各项组成进行重新确认，特别是代发奖金、出勤扣款等需要重新输入，这些工作需要使用图 4-34 所示的对话框完成。

因为单位较小，所以姓名可以在组合框中进行选择，其他用文本框输入。

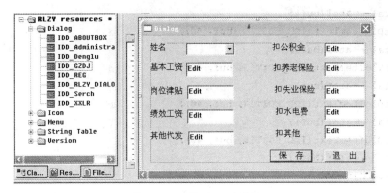

图 4-34　工资录入对话框

对话框中的文本框对应数据库表中的相应字段,写入时直接写入对应字段即可。

编写程序录入工资时,需要注意的是如何把"钱"这种数据类型写入数据表。

工资登记后,需要完成一些计算工作,例如 4.5.2 节研究如何实现扣税功能,给出了实现扣税功能的程序段。

4.5.2　扣税功能的实现

扣税功能是人事工资系统必有的功能,现行的扣税方法是低于 3500 元不扣税,超过部分根据其超过的多少计算税额,具体计算公式是:

个人所得税＝(全部工资－3500－五险一金)×比率与速算扣除数

具体比率与速算扣除数如下。

级数	全月应纳税所得额	税率/%	速算扣除数/元
1	不超过 1500 元的部分	3	0
2	超过 1500 元～4500 元的部分	10	105
3	超过 4500 元～9000 元的部分	20	555
4	超过 9000 元～35 000 元的部分	25	1005
5	超过 35 000 元～55 000 元的部分	30	2755
6	超过 55 000 元～80 000 元的部分	35	5505
7	超过 80 000 元	45	13 505

根据上面的扣税方法,设计了自动扣税的程序,如下所示:

```
void CDlg::OnSetfocusEdit2()
{
    char buf[40]={0};
    double total=0.0f;
    GetDlgItemText(IDC_EDIT12, buf, 40);
    total +=atof(buf);
    memset(buf, 0, 40);
    GetDlgItemText(IDC_EDIT11, buf, 40);
```

```
total +=atof(buf);
GetDlgItemText(IDC_EDIT10, buf, 40);
total -=atof(buf);
GetDlgItemText(IDC_EDIT13, buf, 40);
total +=atof(buf);
GetDlgItemText(IDC_EDIT14, buf, 40);
total +=atof(buf);
GetDlgItemText(IDC_EDIT15, buf, 40);
total +=atof(buf);
if(total<=3500)
{
    total=total;
}
else
    if(total>3500&&total<=5000)
    {
    total=total-(total-3500) * 0.03;
}
else
    if(total>5000&&total<=8000)
    {
        total=total-((total-5000) * 0.1+45+105);
    }
    else
        if(total>8000&&total<=12500)
        {
            total=total-((total-8000) * 0.15+45+300+555);
        }
        else
            if(total>12500&&total<=38500)
            {
                total=total-((total-12500) * 0.2+45+300+900+1005);
            }
            else
                if(total>38500&&total<=58500)
                {
                    total=total-((total-38500) * 0.25+45+300+900+5200+2755);
                }
                else
                    if(total>58500&&total<=83500)
                    {
                        total=total-((total-58500) * 0.3+45+300+900+5200+
                            5000+5505);
                    }
```

```
                    else
                    {
                        total=total-((total-83500)*0.45+45+300+900+5200+
                            5000+7500+13505);
                    }
        sprintf(buf, "%.2f", total);
        SetDlgItemText(IDC_EDIT2, buf);
    }
```

把扣税程序插入到相应的函数中，即可以实现扣税的功能。其中总金额一栏的值，就是扣税后的工资值。

运行程序，可得到扣税后的总金额。

进一步改进程序，使得在窗体上加上扣税文本框，把扣去的税额在扣税文本框上显示。

找到工资单对话框，加入静态文本框与可编辑文本框，然后编写代码，在可编辑文本框上输出税款额。具体操作：在对话框窗体上添加 static 控件和 edit 控件，运行类向导，为 edit 控件（其 ID 为 IDC_EDIT1）添加 EN_SETFOCUS 事件，在 OnSetfocusEdit1 函数中编写代码，其代码如下：

```
void CDlg::OnSetfocusEdit1()
{
    char buf[40]={0};
    double total=0.0f;
    double Tax=0.0f;
    GetDlgItemText(IDC_EDIT12, buf, 40);
    total +=atof(buf);
    memset(buf, 0, 40);
    GetDlgItemText(IDC_EDIT11, buf, 40);
    total +=atof(buf);
    GetDlgItemText(IDC_EDIT10, buf, 40);
    total -=atof(buf);
    GetDlgItemText(IDC_EDIT13, buf, 40);
    total +=atof(buf);
    GetDlgItemText(IDC_EDIT14, buf, 40);
    total +=atof(buf);
    GetDlgItemText(IDC_EDIT15, buf, 40);
    total +=atof(buf);
    if(total<=3500)
    {
        Tax=0;
    }
    else
        if(total>3500&&total<=5000)
        {
```

```
                    Tax= (total-3500) * 0.03;
                }
            else
                if(total>5000&&total<=8000)
                {
                    Tax= (total-5000) * 0.1+45+105;
                }
                else
                    if(total>8000&&total<=12500)
                    {
                        Tax= (total-8000) * 0.15+45+300+555;
                    }
                    else
                        if(total>12500&&total<=38500)
                        {
                            Tax= (total-12500) * 0.2+45+300+900+1005;
                        }
                        else
                            if(total>38500&&total<=58500)
                            {
                                Tax= (total-38500) * 0.25+45+300+900+5200+2755;
                            }
                            else
                                if(total>58500&&total<=83500)
                                {
                                    Tax= (total-58500) * 0.3+45+300+900+5200+
                                        5000+5505;
                                }
                                else
                                {
                                    Tax= (total-83500) * 0.45+45+300+900+5200+
                                        5000+7500+13505;
                                }
        sprintf(buf, "%.2f", Tax);
        SetDlgItemText(IDC_EDIT1, buf);
    }
```

图 4-34 中的各项内容以及扣税等内容都需要打印在发给员工的工资条上。员工的工资条全部信息都要输出到工资列表上。

工资列表是根据各个数据表中的信息（特别是工资登记表 GZDJ 上的信息）以及计算后的信息（例如扣税扣款与总额等），输出的一个列表。

4.5.3 工资列表

这里的工资列表与数据库中的表不同，是一种显示与打印的表，是供使用者阅读参考的。该表可以做成如表 4-2 所示的形式。

表 4-2　工资列表表头

人员编号	姓名	年月	基本工资	岗位津贴	绩效工资	其他代发	应发总额	扣税

扣公积金	扣养老保险	扣失业保险	扣水电费	扣缺勤	扣其他	扣款合计	工资卡金额

　　列表中能显示所有员工的工资详细情况,可以通过列表打印出每个员工的工资发放情况,然后发给员工。

　　可以使用列表控件等制作列表。表头的具体实现可以参考第 3 章的例 3-5,插入数据时可以使用第 3 章中的数据读取方法读取出来,然后写在列表中。具体实现留作习题。

　　有些表内容可以取自数据表中的字段,有些经过计算后写入表中,例如"应发总额"、"扣税"、"扣缺勤"、"扣款合计"、"工资卡金额"等都不是数据库表中的字段,是需要经过计算写入表中的,事实上,这些内容也没有必要写入数据库中。

　　打印功能也是必要的,在工资列表对话框中安装一个打印按钮,或者制作一个弹出菜单,或者为这个对话框添加一个菜单来实现打印功能。

　　除了显示工资列表外,还要提供工资查询等功能。

　　事实上,本系统还有许多地方需要完善改进,不过这不影响本系统作为学习使用,并且恰恰可以给学习者特别是初学者提供一个好的平台,使初学者可以更加容易地了解和掌握上述基本知识,在此基础上继续完善本系统。

　　下面研究如何在网络环境下使用本系统。

4.6　在网络环境下调试运行

　　网络环境可以分为局域网环境与因特网环境。人力资源管理系统更多的时候是在局域网环境下运行,所以下面研究如何在局域网环境下运行本系统。

　　该测试是以局域网中的一台计算机(系统是 Windows XP,装有 SQL Server 2000)作为数据库的服务器,以另一台计算机作为客户端去访问服务器上的数据库。服务器和客户机都在一个局域网内,都是这个局域网内的普通计算机,使用同一个集线器,通过集线器连接在因特网上。

　　服务器上的 SQL Server 2000 配置过程如下。

　　(1) 打开 Microsoft SQL Server 2000 企业管理器,如图 4-35 所示。

　　(2) 将 Microsoft SQL Servers 前面的加号"+"展开,如图 4-36 所示。

　　(3) 右击(local)(Windows NT),选择"属性",打开属性窗口,如图 4-37 所示。

　　(4) 选择安全性,打开"安全性"选项卡,按照图 4-38 所示进行配置。

图 4-35　打开 SQL Server 2000 企业管理器

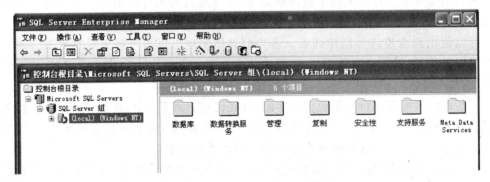

图 4-36　打开 SQL Servers 文件夹

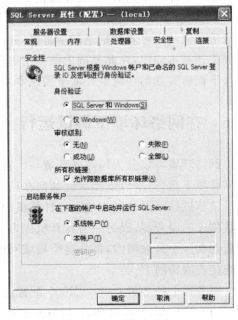

图 4-37　打开属性窗口　　　　　　　　　图 4-38　配置安全性

（5）选择连接，打开"连接"选项卡，按照图 4-39 所示进行配置。

以上步骤是数据库的配置，下面设置一个登录用户。

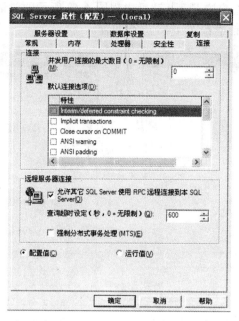

图 4-39　配置安全性

（1）将 (local) (Windows NT) 前面的加号"＋"展开，如图 4-40 所示。

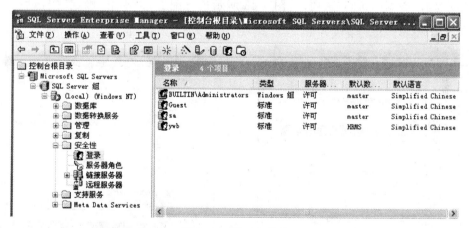

图 4-40　展开文件夹

（2）右击"安全性"下面的"登录"，选择"新建登录"，打开如图 4-41 所示的提示对话框。

图 4-41　提示对话框

单击"确定"按钮或直接按 Enter 键后出现图 4-42 所示的对话框。

将图 4-42 所示的对话框按图 4-43 进行配置。

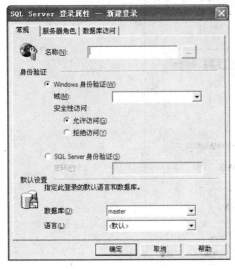

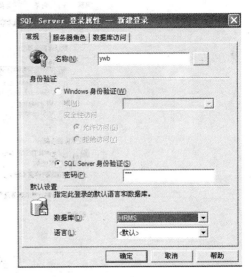

图 4-42　"新建登录"对话框　　　　　　　　图 4-43　配置"新建登录"对话框

（3）选择服务器角色，按图 4-44 所示进行配置。

（4）选择"数据库访问"选项，按图 4-45 所示进行配置，再单击"确定"按钮后出现如图 4-46 所示的对话框。

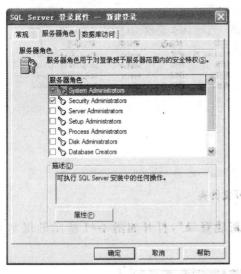

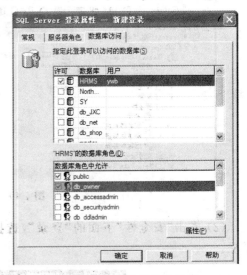

图 4-44　设置服务器角色　　　　　　　　　图 4-45　设置访问的数据库

输入密码后单击"确定"按钮。

最后保证数据库服务器是打开运行的，其查看方法如下：打开 Microsoft SQL Server 2000 的服务管理器，界面如图 4-47 所示，就是服务器在运行。

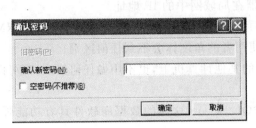

图 4-46 "确认密码"对话框   图 4-47 "确认密码"对话框

至此,数据库的配置全部结束。

接下来对项目中的有关代码部分做简单的修改,修改 IP 地址等信息,具体操作如下。

首先打开类视图下找到类 S,打开其前面的加号,如下所示:

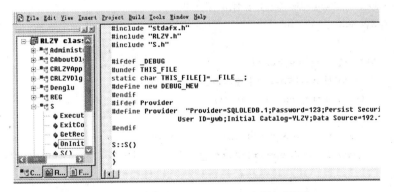

图 4-48 "确认密码"对话框

双击函数 OnInitADOConn(),将如下代码添加到里面,如图 4-49 所示。

图 4-49 在类 CADOOperation 中添加代码

```
#ifdef Provider
#define Provider "Provider=SQLOLEDB.1;Password=123;Persist Security Info=False;\
        User ID=ywb;Initial Catalog=YLZY;Data Source=192.168.0.101"
```

```
#endif
```

其中，IP 地址 192.168.0.101 是服务器在局域网中的 IP 地址。

上述操作完成后，在客户机上运行该项目，就可以访问到服务器上的数据库 HRMS，就像访问自己计算机上的数据库一样，从使用者的角度体会不到任何区别。

实际上把这个项目代码放到该局域网的其他计算机上，也不用做任何修改，都可以访问服务器上的数据库。

从 4.1.2 节所述的例子中可以看出，SQL Server 这样的数据库软件具有功能强大、使用方便等优秀特性。

在以后的开发过程中，当安装使用 SQL Server 这样的数据库软件时，只要开发一个软件系统，在局域网或者因特网上共享一个数据库就可以。对于不同权限的使用者，可以修改其各自的程序，让其拥有不同的权限即可。

习题

1. 图 4-50 是本章项目中的 9 个类，其中哪几个继承了 MFC 中的类？分别继承了哪个类？这些类中，哪些继承了对话框类 CDialog？

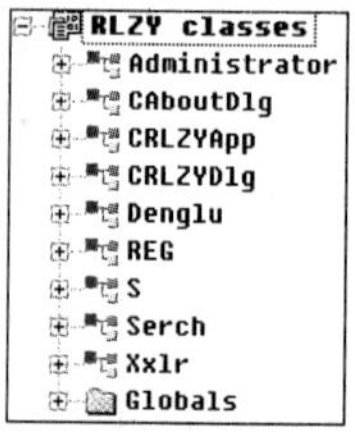

2. 在 RLZYDlg.cpp 中，有函数 CRLZYDlg::OnInitDialog()，解释其中加粗的语句。

图 4-50　项目中的类

```
BOOL CRLZYDlg::OnInitDialog()
{
    CDialog::OnInitDialog();

    //Add "About..." menu item to system menu
    //IDM_ABOUTBOX must be in the system command range
    ASSERT((IDM_ABOUTBOX & 0xFFF0)==IDM_ABOUTBOX);
    ASSERT(IDM_ABOUTBOX<0xF000);
    CMenu * pSysMenu=GetSystemMenu(FALSE);
    if (pSysMenu !=NULL)
    {
        CString strAboutMenu;
        strAboutMenu.LoadString(IDS_ABOUTBOX);
        if (!strAboutMenu.IsEmpty())
        {
            pSysMenu->AppendMenu(MF_SEPARATOR);
            pSysMenu->AppendMenu(MF_STRING, IDM_ABOUTBOX, strAboutMenu);
        }
    }
    //Set the icon for this dialog. The framework does this automatically
    //when the application's main window is not a dialog
    SetIcon(m_hIcon, TRUE);              //Set big icon
    SetIcon(m_hIcon, FALSE);             //Set small icon
```

```
    //TODO: Add extra initialization here
    CMenu m_menu;
    m_menu.LoadMenu(IDR_MENU1);
    SetMenu(&m_menu);
    return TRUE;           //return TRUE unless you set the focus to a control
}
```

3. 项目的 S.cpp 中有下面这些函数,阅读这段程序,然后回答问题。

```
S::S()
{  }
S::~S()
{  }
void  S::OnInitADOConn()
{
    ::CoInitialize(NULL);
    try
    {
        m_pCon.CreateInstance("ADODB.Connection");
        _bstr_t strConnect="Provider=SQLOLEDB; Server=127.0.0.1;
            Database=RLZY; uid=sa; pwd=;";
        m_pCon->Open(strConnect,"","",adModeUnknown);
    }
    catch(_com_error e)
    {
        AfxMessageBox(e.Description());
    }
}


_RecordsetPtr&  S::GetRecordSet(_bstr_t bstrSQL)
{
    try
    {
        if(m_pCon==NULL)
            OnInitADOConn();
        m_pRecord.CreateInstance(__uuidof(Recordset));
        m_pRecord->Open(bstrSQL,m_pCon.GetInterfacePtr(),adOpenDynamic,
        adLockOptimistic,adCmdText);
    }
    catch(_com_error e)
    {
        AfxMessageBox(e.Description());
    }
    return m_pRecord;
}
```

```
BOOL S::ExecuteSQL(_bstr_t bstrSQL)
{
    try
    {
        if(m_pCon==NULL)
            OnInitADOConn();
        m_pCon->Execute(bstrSQL,NULL,adCmdText);
        return true;
    }
    catch(_com_error e)
    {
        AfxMessageBox(e.Description());
        return false;
    }
}

void S::ExitConnect()
{
    if (m_pRecord !=NULL)
        m_pRecord->Close();
    m_pCon->Close();
    ::CoUninitialize();
}
```

（1）该段程序中的构造函数与析构函数分别是什么？

（2）请回答函数名 void S::OnInitADOConn()中的"::"的作用是什么？然后解释语句::CoInitialize(NULL)的含义。

（3）语句 m_pCon.CreateInstance("ADODB.Connection")中的 m_pCon 是一个什么对象或者什么类型的变量？是在什么地方定义的？

（4）strConnect 是一个什么类型的变量？在什么地方被调用？

（5）语句 m_pCon->Open(strConnect,"","",adModeUnknown)中,符号"->"换成"."是否可以？为什么？

（6）语句 AfxMessageBox(e.Description())要实现什么功能？

（7）m_pRecord 是一个什么类型的变量或者对象？在什么地方定义？

（8）解释_RecordsetPtr& S::GetRecordSet(_bstr_t bstrSQL)的含义。

（9）语句 m_pRecord.CreateInstance(__uuidof(Recordset))要实现什么功能？

（10）语句 m_pCon->Execute(bstrSQL,NULL,adCmdText)是非常重要的语句,是执行 SQL 语句的最关键的一个语句,为什么在这个语句的前面加入如下两个语句？

```
if(m_pCon==NULL)
    OnInitADOConn();
```

其中函数 OnInitADOConn()是在哪里定义的,实现什么样的功能？

4. 向 YH 中写入数据时,由于没有检查检验语句,所以可以两次录入同一个用户,想办法解决这个问题。

5. 在员工信息录入时,时间没有被正确地写入数据表中。修改程序,使得能够把出生日期正确地写入数据库表 YGXX 中。

6. 为项目的主对话框(如图 4-15 所示)添加一个背景图片。

7. 该项目的管理员登录是使用程序中的账号与密码,这样有很多缺点。修改程序以及数据库表,添加管理员自行修改账号与密码的功能。

8. 把各个主菜单的功能设置为不可用,用户登录成功后,自动变为可用。

9. 实现 4.5.3 节中工资列表的功能。

10. 在文件 RLZYDlg.cpp 中提供了众多的函数,下面列出的这些函数都能实现什么功能?

```cpp
#include "stdafx.h"
#include "RLZY.h"
#include "RLZYDlg.h"
#include "Denglu.h"
#include "Xxlr.h"
#include "Administrator.h"
#ifdef _DEBUG
#define new DEBUG_NEW
#undef THIS_FILE
static char THIS_FILE[]=__FILE__;
#endif
/////////////////////////////////////////////////////////////////////////////
//CAboutDlg dialog used for App About
class CAboutDlg : public CDialog
{
public:
    CAboutDlg();

//Dialog Data
    //{{AFX_DATA(CAboutDlg)
    enum { IDD=IDD_ABOUTBOX };
    //}}AFX_DATA

    //ClassWizard generated virtual function overrides
    //{{AFX_VIRTUAL(CAboutDlg)
    protected:
    virtual void DoDataExchange(CDataExchange* pDX);    //DDX/DDV support
    //}}AFX_VIRTUAL

//Implementation
protected:
```

```
    //{{AFX_MSG(CAboutDlg)
    //}}AFX_MSG
    DECLARE_MESSAGE_MAP()
};


CAboutDlg::CAboutDlg() : CDialog(CAboutDlg::IDD)
{
    //{{AFX_DATA_INIT(CAboutDlg)
    //}}AFX_DATA_INIT
}


void CAboutDlg::DoDataExchange(CDataExchange * pDX)
{
    CDialog::DoDataExchange(pDX);
    //{{AFX_DATA_MAP(CAboutDlg)
    //}}AFX_DATA_MAP
}


BEGIN_MESSAGE_MAP(CAboutDlg, CDialog)
    //{{AFX_MSG_MAP(CAboutDlg)
        //No message handlers
    //}}AFX_MSG_MAP
END_MESSAGE_MAP()


///////////////////////////////////////////////////////////////////////////
//CRLZYDlg dialog

CRLZYDlg::CRLZYDlg(CWnd * pParent /* =NULL * /)
    : CDialog(CRLZYDlg::IDD, pParent)
{
    //{{AFX_DATA_INIT(CRLZYDlg)
        //NOTE: the ClassWizard will add member initialization here
    //}}AFX_DATA_INIT
    //Note that LoadIcon does not require a subsequent DestroyIcon in Win32
    m_hIcon=AfxGetApp()->LoadIcon(IDR_MAINFRAME);
}


void CRLZYDlg::DoDataExchange(CDataExchange * pDX)
{
    CDialog::DoDataExchange(pDX);
    //{{AFX_DATA_MAP(CRLZYDlg)
        //NOTE: the ClassWizard will add DDX and DDV calls here
    //}}AFX_DATA_MAP
}
```

```
BEGIN_MESSAGE_MAP(CRLZYDlg, CDialog)
    //{{AFX_MSG_MAP(CRLZYDlg)
    ON_WM_SYSCOMMAND()
    ON_WM_PAINT()
    ON_WM_QUERYDRAGICON()
    ON_COMMAND(ZC, OnZC)
    ON_COMMAND(DL, OnDL)
    ON_COMMAND(TC, OnTC)
    ON_COMMAND(YGXXCX, OnYGXXCX)
    ON_COMMAND(YGXXLR, OnYGXXLR)
    ON_COMMAND(KQLR, OnKQLR)
    //}}AFX_MSG_MAP
END_MESSAGE_MAP()

//////////////////////////////////////////////////////////////////////
//CRLZYDlg message handlers

BOOL CRLZYDlg::OnInitDialog()
{
    CDialog::OnInitDialog();

    //Add "About..." menu item to system menu

    //IDM_ABOUTBOX must be in the system command range
    ASSERT((IDM_ABOUTBOX & 0xFFF0)==IDM_ABOUTBOX);
    ASSERT(IDM_ABOUTBOX<0xF000);

    CMenu * pSysMenu=GetSystemMenu(FALSE);
    if (pSysMenu !=NULL)
    {
        CString strAboutMenu;
        strAboutMenu.LoadString(IDS_ABOUTBOX);
        if (!strAboutMenu.IsEmpty())
        {
            pSysMenu->AppendMenu(MF_SEPARATOR);
            pSysMenu->AppendMenu(MF_STRING, IDM_ABOUTBOX, strAboutMenu);
        }
    }

    //Set the icon for this dialog.  The framework does this automatically
    //when the application's main window is not a dialog
    SetIcon(m_hIcon, TRUE);                 //Set big icon
    SetIcon(m_hIcon, FALSE);                //Set small icon
```

```cpp
    //TODO: Add extra initialization here
    CMenu m_menu;
    m_menu.LoadMenu(IDR_MENU1);
    SetMenu(&m_menu);
    return TRUE;                //return TRUE unless you set the focus to a control
}


void CRLZYDlg::OnSysCommand(UINT nID, LPARAM lParam)
{
    if ((nID & 0xFFF0)==IDM_ABOUTBOX)
    {
        CAboutDlg dlgAbout;
        dlgAbout.DoModal();
    }
    else
    {
        CDialog::OnSysCommand(nID, lParam);
    }
}


//If you add a minimize button to your dialog, you will need the code below
//to draw the icon.  For MFC applications using the document/view model
//this is automatically done for you by the framework.

void CRLZYDlg::OnPaint()
{
    if (IsIconic())
    {
        CPaintDC dc(this); //device context for painting

        SendMessage(WM_ICONERASEBKGND, (WPARAM) dc.GetSafeHdc(), 0);

        //Center icon in client rectangle
        int cxIcon=GetSystemMetrics(SM_CXICON);
        int cyIcon=GetSystemMetrics(SM_CYICON);
        CRect rect;
        GetClientRect(&rect);
        int x=(rect.Width() -cxIcon +1) / 2;
        int y=(rect.Height() -cyIcon +1) / 2;

        //Draw the icon
        dc.DrawIcon(x, y, m_hIcon);
    }
```

```
    else
    {
        CDialog::OnPaint();
    }
}


//The system calls this to obtain the cursor to display while the user drags
//the minimized window
HCURSOR CRLZYDlg::OnQueryDragIcon()
{
    return (HCURSOR) m_hIcon;
}


void CRLZYDlg::OnZC()
{
    //TODO: Add your command handler code here
    Administrator adm;
    adm.DoModal();
}


void CRLZYDlg::OnDL()
{
    //TODO: Add your command handler code here
    Denglu denglu;
    denglu.DoModal();
}


void CRLZYDlg::OnTC()
{
    //TODO: Add your command handler code here
    exit(0);
}


void CRLZYDlg::OnYGXXCX()
{
    //TODO: Add your command handler code here
    Serch serch;
    serch.DoModal();
}


void CRLZYDlg::OnYGXXLR()
{
    //TODO: Add your command handler code here
    Xxlr xxlr;
```

```
        xxlr.DoModal();
    }


void CRLZYDlg::OnKQLR()
{
    //TODO: Add your command handler code here


}
```

11. 在文件 Xxlr.cpp 中，主要代码在按钮单击事件函数 OnButton1（）中，其代码如下所示：

```
void Xxlr::OnButton1()
{
    //TODO: Add your control notification handler code here
    CString cbianhao,cxingming,cxingbie,cchusheng,czhuzhi,cdianhua,cbumen,
    czhiwu,czhicheng,cbiyexuexiao,cxueli;
    SYSTEMTIME cbirthtime;
    GetDlgItemText(IDC_EDIT1, cbianhao);
    GetDlgItemText(IDC_EDIT2, cxingming);
    GetDlgItemText(IDC_COMBO1, cxingbie);
    ((CDateTimeCtrl *)GetDlgItem(IDC_DATETIMEPICKER1))->GetTime
    (&cbirthtime);
    GetDlgItemText(IDC_EDIT4, czhuzhi);
    GetDlgItemText(IDC_EDIT5, cdianhua);
    GetDlgItemText(IDC_EDIT6, cbumen);
    GetDlgItemText(IDC_EDIT7, czhiwu);
    GetDlgItemText(IDC_EDIT8, czhicheng);
    GetDlgItemText(IDC_EDIT9, cbiyexuexiao);
    GetDlgItemText(IDC_EDIT10, cxueli);
    cchusheng= (char)cbirthtime.wYear;
    cchusheng=cchusheng+ (char)cbirthtime.wMonth;
    cchusheng=cchusheng+ (char)cbirthtime.wDay;
    S m_Adoconn;
    m_Adoconn.OnInitADOConn();
    //设置 INSERT 语句
    _bstr_t vSQL;
    vSQL="INSERT INTO YGXX VALUES('"+cbianhao+"','" +cxingming+"','" +cxingbie
        +"','"+cchusheng+"','" +czhuzhi+"','"+cdianhua+"','" +cbumen+"','"
        +czhiwu+"','" +czhicheng+"','" +cbiyexuexiao+"','" +cxueli+"')";
    m_Adoconn.ExecuteSQL(vSQL);
    //断开与数据库的连接
    m_Adoconn.ExitConnect();


}
```

阅读上面的程序,回答问题:

(1) 函数 GetDlgItemText(IDC_COMBO1,cxingbie)返回的是什么类型的值?

(2) $((CDateTimeCtrl *)GetDlgItem(IDC\_DATETIMEPICKER1))->GetTime(\&cbirthtime)$;这个语句要实现什么功能?

(3) 在程序中前后 3 次使用赋值语句 cchusheng =(char)cbirthtime.wYear, cchusheng= cchusheng +(char)cbirthtime.wMonth;cchusheng= cchusheng+(char) cbirthtime.wDay;,其目的是什么?

(4) 语句 S m_Adoconn 能完成什么功能?

(5) 语句 m_Adoconn.ExecuteSQL(vSQL)执行 SQL 语句,是向哪个表中写入数据?

(6) 语句 m_Adoconn.ExitConnect()能完成什么工作?

12. 读下面的程序,然后回答问题。

```
void Administrator::OnOK()
{
    //TODO: Add extra validation here
    CString Gname, Gcode;
    CString name="guanliyuan",code="123456";
    GetDlgItemText(IDC_EDIT1, Gname);
    GetDlgItemText(IDC_EDIT2, Gcode);
    Gname.Replace(" ", "");
    if(Gname.IsEmpty())
    {
        MessageBox("管理员名不能为空!", "提示", MB_OK | MB_ICONWARNING);
        GetDlgItem(IDC_EDIT1)->SetFocus();
    }
    if(Gcode.IsEmpty())
    {
        MessageBox("管理员密码不能为空!", "提示", MB_OK | MB_ICONWARNING);
        GetDlgItem(IDC_EDIT2)->SetFocus();
    }
    if(Gname.Compare(name)==0&&Gcode.Compare(code)==0)
    {
        REG reg;
        reg.DoModal();
    }
    CDialog::OnOK();
}
```

(1) 该函数要实现什么功能?

(2) 语句 Gname.Replace(" ", "")要实现什么功能?

(3) 语句 if(Gname.IsEmpty())中 Gname.IsEmpty()是什么含义?

(4) 语句 MessageBox("管理员名不能为空!","提示",MB_OK | MB_ICONWARNING)执行后弹出一个什么样的对话框?

（5）语句 GetDlgItem（IDC_EDIT1）－＞SetFocus（）能实现什么功能？

（6）解释语句 if（Gname. Compare（name）＝＝0＆＆Gcode. Compare（code）＝＝0）。

（7）解释语句 REG reg；与 reg. DoModal（）；的作用。

13. 下面的程序是 REG. cpp 中的一个函数代码，阅读程序，回答问题。

```
void REG::OnOK()
{
    //TODO: Add extra validation here
    CString Yname, Ycode;
    GetDlgItemText(IDC_EDIT1, Yname);
    GetDlgItemText(IDC_EDIT2, Ycode);
    S m_Adoconn;
    m_Adoconn.OnInitADOConn();
    //设置 INSERT 语句
    _bstr_t vSQL;
    vSQL="INSERT INTO YH VALUES('"+Yname+"','" +Ycode +"')";
    m_Adoconn.ExecuteSQL(vSQL);
    //断开与数据库的连接
    m_Adoconn.ExitConnect();

    CDialog::OnOK();
}
```

（1）该函数要实现什么功能？返回值类型是什么？

（2）语句 CDialog∷OnOK（）要实现什么功能？

（3）语句 vSQL＝"INSERT INTO YH VALUES（'"＋Yname＋ "'，'"＋Ycode＋"'）"中双引号与单引号的作用都是什么？

（4）语句 S m_Adoconn 能完成什么功能？

（5）语句 m_Adoconn. ExecuteSQL（vSQL）执行 SQL 语句，是向哪个表中写入数据？

（6）语句 GetDlgItemText（IDC_EDIT1，Yname）能完成什么工作？

14. 阅读程序，然后回答问题。

```
void Denglu::OnOK()
{
    //TODO: Add extra validation here
    CString Yname, Ycode;
    GetDlgItemText(IDC_EDIT1, Yname);
    GetDlgItemText(IDC_EDIT2, Ycode);
    bool b;
    S m_Adoconn;
    m_Adoconn.OnInitADOConn();
    //设置 INSERT 语句
    _bstr_t vSQL;
    vSQL="select count(*) from YH where name='%s'", Yname+ "and where mima=
```

```
        '%s'", Ycode;
        b=m_Adoconn.ExecuteSQL(vSQL);
        if(b==TRUE)
        {

        }
        //断开与数据库的连接
        m_Adoconn.ExitConnect();

        CDialog::OnOK();
    }
```

（1）该函数要实现什么功能？

（2）语句"select count(*) from YH where name＝'%s'"，Yname＋"and where mima＝'%s'"，Ycode;要完成什么功能？

（3）函数 m_Adoconn. ExecuteSQL(vSQL)的返回值类型是什么？

15. 完善本章项目，添加对话框和程序，可以根据提供的条件查询员工信息。

16. 完善本章项目，添加对话框与程序，可以录入工资。

17. 完善本章项目，能够显示工资列表。

18. 完善本章项目，能够打印每个员工的工资条。

第 5 章　高中数学题库系统分析设计与实现

软件系统形式多样,功能各异,其需求来源也各不相同。一般来说,按照需求来源可以将软件系统分为两大类,一类是有具体的客户需求,其要求非常明确,必须尽力按照要求去做;另一类是自行研制开发,成熟后再进行推广。本章讲解一个高中数学题库管理系统,属于自行研制开发,完善并试运行后可以推向市场。通过本章的学习,可以进一步了解软件系统的分析设计与实现技术。

5.1　系统分析与设计

下面研究这个高中数学题库系统的分析设计与一些基本功能的实现等。这个题库系统与目前的一些题库系统有些区别,该系统更加重视对习题的选择,重视习题的各种信息的更新。除了对习题进行章节、难度归类外,还给每个习题编写特性编码,以标定该习题适合哪类学生使用等,在生成试卷的时候,输入特性编码的范围,以针对学生特点更有效地选择习题。该系统的主要目的是更有效地利用最优秀的教师资源,教师首先了解学生学习成绩、学习状况和思维特点等,然后给定习题的约束条件,包括特性编码范围,最后使用系统自动生成试卷。

5.1.1　概述

高中是学生学习成长的一个重要阶段,高中的数学教学在整个高中的教学中占有者极其重要的地位。高中数学教学除了具有其他各科的共有特点外,还有自己独立的特性。目前不论是理科考生还是文科考生都需要学习数学。

在高中阶段,确实有很多学生在学习数学时遇到困难,所以很多学生参加课外辅导。在课外辅导时,班级制上课有时效果不明显,所以出现了大量的一对一的教学辅导形式。实践证明,一对一教学会收到很好的效果,特别是当教师非常优秀时。不过,一对一的教学会浪费优秀教师的资源,因为一个教师同一时间只能教一个学生。这就启发我们想到,是否可以实现一个类似于医生给出治疗方案(例如中医开药单)的方法,充分地利用优秀教师的资源。

设计开发一个自主教学专家系统的难度很大。而如果设计开发一个题库管理系统,这样,优秀教师可以根据学生的情况到题库中抽取习题让学生去做,然后,再让年轻教师批改(也可以计算机自动批改或者自己批改),这样,一个优秀教师就可以同一时间教几个学生,能够提高优秀教师资源的利用率。

中医治病一般是诊断后开处方,患者抓药、熬制,然后服用,一个疗程以后,再根据情况调整处方,继续进行治疗。这样·个好医生可以一天诊治几十个病人。借鉴中医诊治的流程,设计开发本章的高中数学题库系统。

　　在高中数学的学习中,如何选择例题习题是非常重要的。教师辅导学生自然可以借鉴中医的方法,经过对学生进行了解后,优秀的教师先提供一些习题让同学去做;学生尝试去完成,然后向教师反馈信息;教师再提供一些习题,如此反复训练。

　　在该软件系统的开发、运行与维护过程中,把优秀的习题整理分类,用一系列的标志标示出其难度、所属教材章节、适合哪一类学生选作、适合哪一个阶段选作、题型以及特点等,从这些习题中随机选择构成试卷或训练题。在对习题进行标示时,借鉴关于各种中草药的特性分析归类方法,使之尽可能科学合理。

　　下面对该系统进行初步的分析设计与实现。

5.1.2　系统分析

　　该系统从构造一个简单的题库开始,经过设计完善,使其具有更加实用的效果。题库系统目前比较多,有单机运行的,有局域网上运行的,有因特网上某网站提供的;有的侧重于生成试卷,有的侧重于利用计算机实时考试。不过,这些题库系统几乎都是利用章节、题型(选择题、填空题等)与难度等对习题进行分类,都是简单、基本的归类。本章要设计的系统必须对各种习题进行详细科学的分类,除了章节、题型和难度外,还要根据习题的各种特性对其功能进行分类,例如,某个题适合哪种特点的学生在哪个特定的阶段使用等。根据习题的特点,标示出其是否适用于假期提前预习时使用、适合什么类别的学生在复习阶段使用,以及适合哪类学生考试使用等。

　　该系统的开发难度在于如何设计好每个题的各种标志,如何根据教师对学生的判断整理出学生的特性以及当前的状态,如何利用系统自动提取出具有各种标志的有针对性的习题,以及如何根据用户的反馈信息自动更新各个题的标志等。

　　该系统拟分为教师课堂教学、教师课外辅导和学生学习 3 个模块,对于这 3 类使用活动,因为具体情形不同,所以设计上有些区别。

　　教师课堂教学阶段特性比较强,针对的学生是一个班级或一个年级的学生。生成的试题与目前书店销售的各种习题差不多,分为同步练习、章节练习、阶段性测试、期中考试和期末考试,也有高三复习专题等。

　　教师课外辅导是该系统的重点部分,除了供在校老师课外辅导用,主要是供一些专门的辅导机构的优秀老师辅导学生用。

　　学生学习模块可以供学生和学生家长使用。

　　3 个模块登录后,都是输入一些约束信息,根据使用者的不同,输入的约束条件不完全相同,例如:教师课堂教学模块以教学进度、考试类型、习题综合难度等为主;教师课外辅导模块以个别学生的特点分析结果为主,输入的是分析后得到的一些与习题标志一一对应的信息;学生学习模块输入的除了教学进度、考试类型和习题综合难度等之外,还可以输入学习状况、成绩和自己的一些特点等。

　　不论是哪个模块输入的约束信息,最后都会被系统转化为章节范围、题型、难度系数、特性一、特性二、特性三等,输出内容是以试卷形式组织的多个习题。

反馈是非常重要的,因为程序要根据反馈信息修改习题的某些标志。例如,一个原先标志为非常简单的习题,学生经常做错,就要考虑是否调整其难度等标志。

习题标志的修改有两种模式,一种是系统自动修改,另一种是使用者(所有者)注册成为管理员后手动修改。

这个系统目前不多见,有着巨大的应用潜力,所以决定自行开发这一系统,待成熟后推向市场。

5.1.3　系统设计

从实现的角度看,该系统主要分为数据库操作、信息输入与转化、试题生成与输出等模块。

数据表有以下3种:

用户表(Users):用于存储用户的名称、密码和级别等信息。级别分为4种,包括课外辅导教师、课堂教学教师、学生或家长以及管理员。

章节标志表:用于存储习题的章节,字段有册、章和节等。

存储习题所用的表:如选择题表、填空题表和解答题表等。

该系统使用 SQL Server 2000 构造并支持数据库的运行。

使用 Visual C++（单文档）构建该项目,在项目中添加多个对话框,在其主菜单上添加菜单项,以便单击这些菜单项可以调用各个功能对话框。

操作数据、生成文档和打印文档等都可以参考使用第4章介绍的系统的一些程序代码,这样可以直接使用一些其他项目中的类及函数来完成数据库的操作和文件打印等功能。

5.2　部分系统功能的初步实现

下面研究实现题库系统的一些基本的、简单的功能。

5.2.1　建立项目并连接数据库

首先研究建立数据库表,如例 5-1 所示。

【例 5-1】　建立一个项目所用的数据库,然后建立 MFC 单文档项目,使得该项目能够连接此数据库,以便添加新的类及程序等操作数据库中的表。

(1) 使用 SQL Server 2000 的企业管理器建立一个数据库,名为"试题试卷管理系统"。

(2) 建立一个新的单文档项目,名为 ShiTi001,所有其余选项都选取默认。

图 5-1　使用右键菜单

在 ClassView 上单击右键,选择 New Class(如图 5-1 所示),弹出建立新类对话框。在 Class type 栏选择 Generic Class,在 Name 栏写入类名,本例为 ADO,如图 5-2 所示。

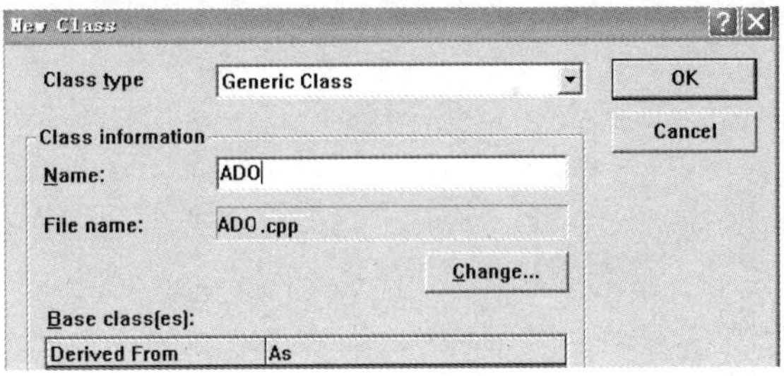

图 5-2　建立新类对话框

建立新类 ADO 后,自动生成了文件 ADO.h 和 ADO.cpp,其中有一些必要的有关类的代码。

(3) 在文件 ADO.h 中加入连接数据库的必要语句,并加入两个变量定义和几个函数定义后,代码如下所示:

```
#import "C:\Program Files\Common Files\System\ado\msado15.dll" no_namespace
rename("EOF","adoEOF") rename("BOF","adoBOF")
class ADO
{
    _ConnectionPtr m_pConnection;
    _RecordsetPtr m_pRecordset;
public:
    ADO();
    virtual ~ADO();
    void OnInitADOConn();
    _RecordsetPtr& GetRecordSet(_bstr_t bstrSQL);
    BOOL ExecuteSQL(_bstr_t bstrSQL);
    void ExitConnect();
};
#endif
```

文件 ADO.cpp 添加了函数定义以后如下所示:

```
#include "stdafx.h"
#include "ShiTi001.h"
#include "ADO.h"

#ifdef _DEBUG
#undef THIS_FILE
static char THIS_FILE[]=__FILE__;
#define new DEBUG_NEW
#endif
```

```
ADO::ADO()
{

}

ADO::~ADO()
{

}

//初始化-连接数据库
void  ADO::OnInitADOConn()
{
    //初始化 OLE/COM 库环境
    ::CoInitialize(NULL);

    try
    {
        //创建 Connection 对象
        m_pConnection.CreateInstance("ADODB.Connection");
        //设置连接字符串,必须是 BSTR 型或_bstr_t 型
        _bstr_t strConnect="Provider=SQLOLEDB; Server=127.0.0.1;
            Database=试题试卷管理系统; uid=sa; pwd=;";
        m_pConnection->Open(strConnect,"","",adModeUnknown);
    }
    //捕捉异常
    catch(_com_error e)
    {
        //显示错误信息
        AfxMessageBox(e.Description());
    }
}

//执行查询
_RecordsetPtr& ADO::GetRecordSet(_bstr_t bstrSQL)
{
    try
    {
        //连接数据库,如果 Connection 对象为空,则重新连接数据库
        if(m_pConnection==NULL)
            OnInitADOConn();
        //创建记录集对象
        m_pRecordset.CreateInstance(__uuidof(Recordset));
        //取得表中的记录
        m_pRecordset->Open(bstrSQL,m_pConnection.GetInterfacePtr(),
            adOpenDynamic,adLockOptimistic,adCmdText);
    }
```

```
    //捕捉异常
    catch(_com_error e)
    {
        //显示错误信息
        AfxMessageBox(e.Description());
    }
    //返回记录集
    return m_pRecordset;
}

BOOL ADO::ExecuteSQL(_bstr_t bstrSQL)
{
    try
    {
        if(m_pConnection==NULL)
            OnInitADOConn();
        m_pConnection->Execute(bstrSQL,NULL,adCmdText);
        return true;
    }
    catch(_com_error e)
    {
        AfxMessageBox(e.Description());
        return false;
    }
}

void ADO::ExitConnect()
{
    //关闭记录集和连接
    if (m_pRecordset !=NULL)
        m_pRecordset->Close();
    m_pConnection->Close();
    //释放环境
    ::CoUninitialize();
}
```

此时,如果运行程序,就可以连接数据库了。但是,现在因为没有设计其他程序,所以还不能对数据库进行添加记录、显示记录和删除记录等实质性操作。

5.2.2 填空题录入

首先完成一项重要的数据库操作功能,就是向数据表中添加记录的功能。

【例 5-2】 在数据库"试题试卷管理系统"中建立一个存储填空题的表,然后在例 5-1 项目的基础上添加对话框、类以及程序语句,使得可以向数据表中添加填空题。

（1）在数据库"试题试卷管理系统"中建立表 Completion，表的结构如图 5-3 所示，设置 com_no 为主键，并把其"标识"栏修改为"是"，如图 5-4 所示。

图 5-3 建立"填空题"表 Completion

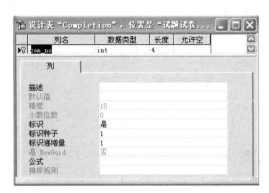

图 5-4 设置主键 com_no

（2）在 ResouceView 中右击 Dialog 文件夹，在弹出的快捷菜单中选择"插入对话框"，在对话框界面上设计填空题界面，如图 5-5 所示。

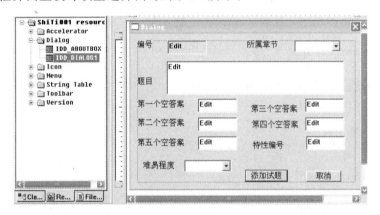

图 5-5 插入添加填空题对话框并设计界面

其中，"添加试题"按钮与"取消"按钮分别是对话框上原先的 OK 按钮与 Cancel 按钮，只是修改了其 Caption 属性。另外，"所属章节"与"难易程度"使用组合框输入。对编号的 Text 框的 Styles 属性进行设置，选中 Read-only（只读）。

（3）为各个控件添加成员变量，如图 5-6 所示。

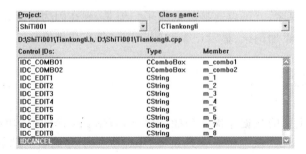

图 5-6 为组合框以及文本框添加的成员变量

（4）使用类向导为对话框添加一个对话框类，该类名为 Ctiankongti。建立该类时，在 Class type 栏选择 MFC Class，然后在 BaseClass 栏选择继承类 CDialog。

（5）建立类 Ctiankongti 后，自动生成文件 Tiankongti. h 与 Tiankongti. cpp，在 Tiankongti. h 中已经自动添加了对话框上的各个控件的成员变量，自动添加了有关函数声明，如下所示：

```
class CTiankongti : public CDialog
{
//Construction
public:
    CTiankongti(CWnd * pParent=NULL);                //standard constructor
//Dialog Data
    //{{AFX_DATA(CTiankongti)
    enum { IDD=IDD_DIALOG1 };
    CComboBox   m_combo2;
    CComboBox   m_combo1;
    CString m_1;
    CString m_2;
    CString m_3;
    CString m_4;
    CString m_5;
    CString m_6;
    CString m_7;
    CString m_8;
    //}}AFX_DATA
    //Overrides
    //ClassWizard generated virtual function overrides
    //{{AFX_VIRTUAL(CTiankongti)
    protected:
    virtual void DoDataExchange(CDataExchange * pDX);        //DDX/DDV support
    //}}AFX_VIRTUAL
    //Implementation
protected:
    //Generated message map functions
    //{{AFX_MSG(CTiankongti)
    virtual void OnOK();
    //}}AFX_MSG
    DECLARE_MESSAGE_MAP()
};
```

（6）在 Tiankongti. cpp 中添加引入头文件语句 #include "ADO. h"，在函数 OnOK 中添加插入记录的语句，添加后的 Tiankongti. cpp 如下所示：

```
#include "stdafx.h"
```

```
#include "ShiTi001.h"
#include "Tiankongti.h"

#include "ADO.h"                    //这个语句是后加入的

#ifdef _DEBUG
#define new DEBUG_NEW
#undef THIS_FILE
static char THIS_FILE[]=__FILE__;
#endif

CTiankongti::CTiankongti(CWnd* pParent /*=NULL*/)
    : CDialog(CTiankongti::IDD, pParent)
{
    //{{AFX_DATA_INIT(CTiankongti)
    m_1=_T("");
    m_2=_T("");
    m_3=_T("");
    m_4=_T("");
    m_5=_T("");
    m_6=_T("");
    m_7=_T("");
    m_8=_T("");
    //}}AFX_DATA_INIT
}

void CTiankongti::DoDataExchange(CDataExchange* pDX)
{
    CDialog::DoDataExchange(pDX);
    //{{AFX_DATA_MAP(CTiankongti)
    DDX_Control(pDX, IDC_COMBO2, m_combo2);
    DDX_Control(pDX, IDC_COMBO1, m_combo1);
    DDX_Text(pDX, IDC_EDIT1, m_1);
    DDX_Text(pDX, IDC_EDIT2, m_2);
    DDX_Text(pDX, IDC_EDIT3, m_3);
    DDX_Text(pDX, IDC_EDIT4, m_4);
    DDX_Text(pDX, IDC_EDIT5, m_5);
    DDX_Text(pDX, IDC_EDIT6, m_6);
    DDX_Text(pDX, IDC_EDIT7, m_7);
    DDX_Text(pDX, IDC_EDIT8, m_8);
    //}}AFX_DATA_MAP
}

BEGIN_MESSAGE_MAP(CTiankongti, CDialog)
    //{{AFX_MSG_MAP(CTiankongti)
    //ON_BN_CLICKED(IDC_BUTTON1, OnButton1)
```

```
    //}}}AFX_MSG_MAP
END_MESSAGE_MAP()
//以上部分都是系统自动生成的
//CTiankongti message handlers
void CTiankongti::OnOK()
{
    //TODO: Add extra validation here
    UpdateData(TRUE);
    ADO m_Adoconn;
    m_Adoconn.OnInitADOConn();
    //设置 INSERT 语句
    _bstr_t vSQL;
    vSQL="INSERT INTO Completion VALUES('" "','" "','" +m_2 +"','"
        +m_8 +"', '" +m_3 +"', '" +m_4 +"', '" +m_5 +"', '" +m_6
        +"', '" +m_7 +"', '" +m_2 +"')";
    m_Adoconn.ExecuteSQL(vSQL);
    //断开与数据库的连接
    m_Adoconn.ExitConnect();
    //CDialog::OnOK();          //注释掉该语句使得单击"添加试题"按钮后对话框不消失
}
```

（7）在 ResourceView 中为主菜单中的"编辑"菜单添加一个菜单项，Caption 为"录入填空题"，其 ID 为 ID_Tiankongtiluru，为该菜单项添加单击事件，本例是添加到 MainFrame.cpp 中。在该菜单项的单击事件中添加两个语句，如下所示：

```
void CMainFrame::OnTiankongtiluru()
{
    CTiankongti T;
    T.DoModal();
}
```

其作用是生成了一个类 Ctiankongti 的实例对象 T，然后显示该对话框。这样，运行项目后，单击该菜单项，就会弹出图 5-5 设计的对话框。菜单和对话框的最终效果如图 5-7 与图 5-8 所示。

图 5-7　单击菜单项

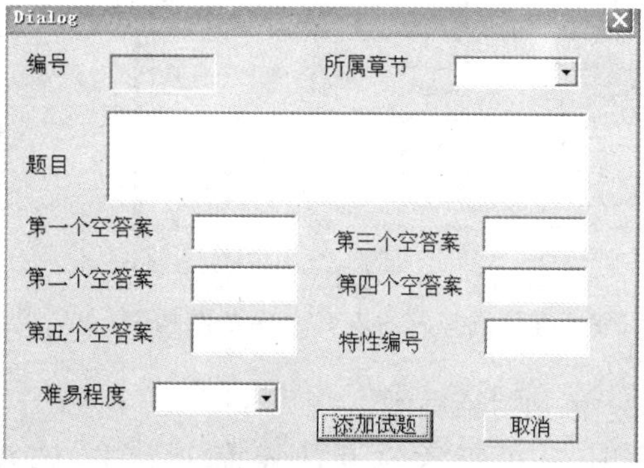

图 5-8　弹出添加填空题对话框

在图 5-8 所示的对话框中添加信息,就可以存储到数据表 Completion 中。

在例 5-2 中,程序中没有对两个组合框进行处理,所以,组合框上的信息还不能添加到数据表中,这个留作课后习题。

例 5-1 与例 5-2 是从头开始该项目的开发,虽然简单,但它是一个重要的起步。

项目开发可以在已有项目的基础上进一步改进,也可以从头开始。本章项目开发选择了从头开始。

不管怎样,Visual C++ 6.0 是一个既简单而又难于掌握的繁杂的开发工具,不过,Visual C++ 有成熟的帮助文件、类查找词典等可以参考。另外,在使用 Visual C++ 时,如果遇见困难与问题,随时到网上查找,基本上都可以找到解决方法,所以记住要充分利用网上提供的这些宝贵资源。

一旦熟悉了 Visual C++ ,你就会觉得它确实是一个非常好的开发工具,这一点与 C 语言是一样的。

5.2.3　选择题录入

在完成了填空题录入后,选择题录入可以仿照填空题录入进行构造。下面研究如何实现选择题录入功能。

【例 5-3】　在数据库"试题试卷管理系统"中建立一个存储选择题的表 Choice,然后在例 5-2 项目的基础上增加选择题录入功能。

（1）在数据库"试题试卷管理系统"中建立一个存储选择题的表,其结构如图 5-9 所示。

把第一个字段 cho_no 设置为主键,用于存储习题编号。在该字段的标识处单击选择"是",这样,习题编号可以自动生成,并每次随之增加 1。

（2）插入对话框,自动命名其 ID 为 IDD_DIALOG2,设计该对话框界面,如图 5-10 所示。

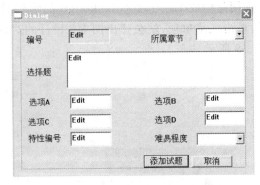

图 5-9　存储选择题的表 Choice 的结构　　　　图 5-10　设计录入选择题的界面

（3）添加对话框类。

在图 5-10 所示的设计界面上右击,选择类向导,为该对话框添加类,命名为

CXuanzeti,如图 5-11 所示。

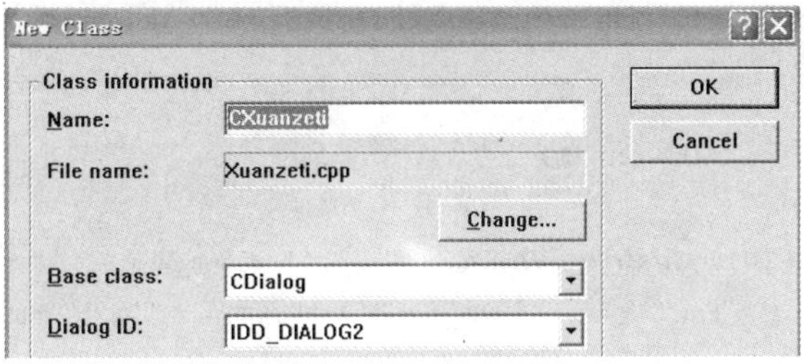

图 5-11 添加对话框类

添加类 CXuanzeti 后,系统会自动生成文件 Xuanzeti.h 和 Xuanzeti.cpp。

(4). 为组合框与可编辑文本框添加成员变量,如图 5-12 所示。

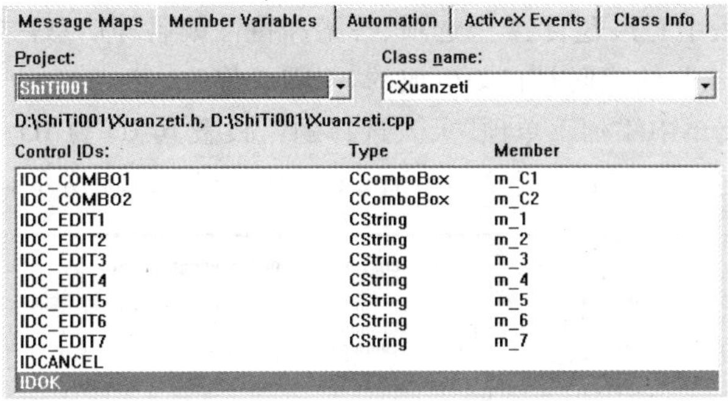

图 5-12 添加成员变量

虽然文本框的成员变量名与填空题对话框中的一样,但是因为它们分属于不同的对话框,所以是不同的变量。

(5) 在 Xuanzeti.cpp 中加入语句:

```
# include "ADO.h"
```

以便可以在该程序中操作数据库表。

为命令按钮"添加试题"添加单击事件函数,添加后如图 5-13 所示。

图 5-13 为命令按钮添加单击事件函数

在 OnOK 函数中填写代码,如下所示:

```
void CXuanzeti::OnOK()
{
    UpdateData(TRUE);
    ADO m_Adoconn;
    m_Adoconn.OnInitADOConn();
    _bstr_t vSQL;
    vSQL="INSERT INTO Chaoice VALUES('" "','" + m_2 +"','" + m_3 +"','"
        +m_4 +"', '" +m_5 +"', '" +m_6 +"', '" +m_7 +"', '" +m_8
        +"', '" "')";
    m_Adoconn.ExecuteSQL(vSQL);
    m_Adoconn.ExitConnect();
    CDialog::OnOK();
}
```

该代码可以向数据表中写入题目、4个选项、答案和特性编码等信息。

头文件Xuanzeti.h的代码是自动生成的，不需要修改。

（6）在"编辑"菜单中添加菜单项"录入选择题"，设置其ID为ID_Xuanzetiluru，将该菜单项的单击事件函数添加到文件MainFrm.cpp中，如图5-14所示。

图5-14 把菜单单击事件函数添加到MainFrm.cpp中

在单击事件函数OnXuanzetiluru中写入下面两个语句，调用选择题录入对话框。

```
CXuanzeti T;
    T.DoModal();
```

再在MainFrm.cpp的前部写上语句#include "Xuanzeti.h"，这样设计就完成了。

5.2.4 解答题录入

解答题的录入与前面填空题和选择题的录入没有本质的区别，下面通过例5-4介绍如何建立数据表以及如何设计程序等录入解答题。

【例5-4】 继续修改例5-3中的项目，使其能够录入解答题。

（1）建立一个存储解答题及其答案的表Question，其字段结构等如图5-15所示。设置que_no为主键，其标识设为"是"。

（2）插入对话框（IDD_DIALOG3），如图5-16所示。

图 5-15 数据表 question 字段结构

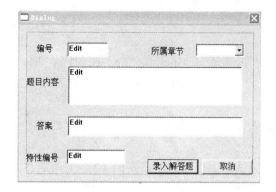

图 5-16 录入解答题对话框设计

（3）为对话框 IDD_DIALOG3 添加（继承 DIALOG 类的）类 CJiedati，然后为对话框的组合框和文本框添加成员变量，如图 5-17 所示。

Control IDs:	Type	Member
IDC_COMBO1	CComboBox	m_C1
IDC_EDIT1	CString	m_1
IDC_EDIT2	CString	m_2
IDC_EDIT3	CString	m_3
IDC_EDIT4	CString	m_4
IDCANCEL		
IDOK		

图 5-17 添加成员变量

为命令按钮"录入解答题"添加单击事件函数。

（4）在文件 Jiedati.cpp 中的 OnOK 函数中写入代码，如下所示：

```
void CJiedati::OnOK()
{
    UpdateData(TRUE);
    ADO m_Adoconn;
    m_Adoconn.OnInitADOConn();
    _bstr_t vSQL;
    vSQL="INSERT INTO Question VALUES('" "','" +m_2 +"','" +   m_3 +"','"
        +m_4 +"','" "')";
    m_Adoconn.ExecuteSQL(vSQL);
    m_Adoconn.ExitConnect();

    CDialog::OnOK();
}
```

另外，不要忘记在文件的前部写入语句 #include "ADO.h"。

（5）在"编辑"菜单中插入菜单项"录入解答题"，将其单击事件加入到 MainFrm.cpp 中，在该单击事件函数中加入语句，如下所示：

```
void CMainFrame::OnJiedati()
{
    CJiedati T;
```

```
        T.DoModal();
}
```

再将语句 #include "Jiedati.h" 写在 MainFrm.cpp 的前部。

（6）编译并运行项目，可以把解答题及其答案存储到数据表 Question 中。

5.2.5 试卷生成

试卷生成是一项重要的工作，下面通过几个例题讲解试卷生成的基本思路。

【例 5-5】 设计完成一个输入试题要求的对话框，添加一个菜单项，单击该菜单项就弹出输入试题要求的对话框。

（1）添加一个对话框，默认 ID 为 IDD_DIALOG4，设计该对话框如图 5-18 所示。

（2）为该对话框建立新类 CShuruyaoqiu，继承 CDialog 类，并设置其各个可编辑文本框的成员变量，如图 5-19 所示。

为 IDOK 添加单击事件函数。

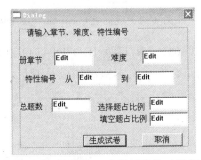

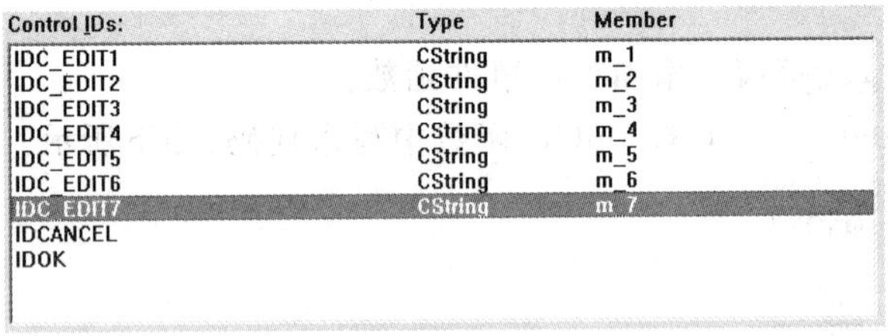

图 5-18 设计输入试题要求的对话框

图 5-19 添加输入试题要求的对话框中的成员变量

（3）在主菜单栏添加一个新的菜单项，Caption 为"生成试卷"，ID 为 ID_Shengchengshijuan，如图 5-20 所示。

图 5-20 在主菜单栏上添加新的菜单项

给 ID_Shengchengshijuan 添加单击事件函数。

（4）在 MainFrm.cpp 中添加头文件：

```
#include "Shuruyaoqiu.h"
```

在 ID_Shengchengshijuan 的单击事件函数中添加代码,如下所示:

```
void CMainFrame::OnShengchengshijuan()
{
    CShuruyaoqiu T;
    T.DoModal();
}
```

(5) 编译并运行,单击菜单"生成试卷"就会弹出如图 5-18 所示的对话框。

当然,现在仅仅是弹出了输入要求的对话框,很多实质性的工作还没有进行。

【例 5-6】 建立与数据表的联系,单击按钮,从数据表中读取数据。

在例 5-5 的项目的基础上继续修改程序。不过,该例题先试验单击图 5-18 对话框中的"生成试卷"按钮,就可以从数据表中读出数据。这是一项基本而又重要的工作。

在对话框 IDD_DIALOG4 中的 IDOK 的单击事件函数中填写代码,如下所示:

```
void CShuruyaoqiu::OnOK()
{
    _RecordsetPtr m_pRecordset;
    UpdateData(TRUE);
    ADO m_Ado;
    m_Ado.OnInitADOConn();
    _bstr_t vSQL;
    vSQL="select * from Question";
    m_pRecordset=m_Ado.GetRecordSet(vSQL);
    _variant_t vFieldValue;
    CString strContent,strName,strE;
    vFieldValue=m_pRecordset->GetCollect("que_content");
    strContent=(char*)_bstr_t(vFieldValue);
    CClientDC dc(this);
    dc.TextOut(20,10,strContent);
    //CDialog::OnOK();
}
```

编译并运行项目,单击菜单项"生成试卷"→"生成试卷",就会弹出输入要求对话框,单击"生成试卷"按钮,就会在对话框的左上角输出数据表 Question 中的试题内容,如图 5-21 所示。

数据表 Question 中目前只有一条记录,其 que_content 字段内容为 3463463。

显示信息是由下面两个语句完成的:

```
CClientDC dc(this);
dc.TextOut(20,10,strContent);
```

读取数据是使用对象 m_Ado 的函数 GetRecordSet 完成的。事实上,函数 GetRecordSet 封装在类 ADO 中,该函数中有几个

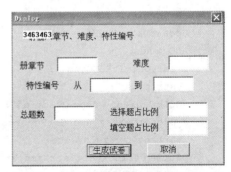

图 5-21 在对话框上显示数据表中的内容

语句，是用来读取表中的数据，建立记录集的。

虽然读取数据成功，但是还有两个问题需要解决，一个是把试题显示在某个页面上生成试卷，另一个是按照要求读取试题。

【例 5-7】 把从数据表中读取出来的信息写在一个"试卷"上。

（1）打开例 5-6 中的项目，加入一个对话框，ID 为 IDD_DIALOG5。在其上安装一个可编辑文本框，再把两个命令按钮的 Caption 分别修改为"打印"与"取消"，如图 5-22 所示。

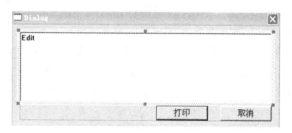

图 5-22　加入一个对话框并在上面安装一个文本框

把可编辑文本框的 Multiline 选项与 Want return 选项选中，如图 5-23 所示。

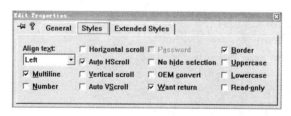

图 5-23　设置可编辑文本框的多行属性

（2）使用类向导为该对话框添加继承 CDialog 的类，名为 CShijuan2。给可编辑文本框添加 CString 类型的成员变量 m_1。

（3）在对话框 Shuruyaoqiu 的按钮单击事件函数中填写代码，如下所示：

```cpp
void CShuruyaoqiu::OnOK()
{
    _RecordsetPtr m_pRecordset;
    UpdateData(TRUE);
    ADO m_Ado;
    m_Ado.OnInitADOConn();
    _bstr_t vSQL;
    vSQL="select * from Question";
    m_pRecordset=m_Ado.GetRecordSet(vSQL);
    _variant_t vFieldValue;
    CString strContent,strName,strE,str;
    //EndDialog(0);
    UpdateData(TRUE);
    CShijuan2 S;
```

```
    vFieldValue=m_pRecordset->GetCollect("que_content");
    strContent=(char * )_bstr_t(vFieldValue);
      strE.Format("%s\r\n",strContent);
    str=str+strE;
    S.m_1=str;
    S.DoModal();
    UpdateData(FALSE);
    m_Ado.ExitConnect();
    //CDialog::OnOK();
}
```

在文件 Shuruyaoqiu. cpp 的头部加入语句♯include "Shijuan2. h",这样就可以在该文件中调用类 Shijuan2 及其函数,创建并弹出图 5-22 所示的对话框。

【例 5-8】 修改例 5-7 程序,使得可以读取多条记录信息写在"试卷"上。

修改 CShuruyaoqiu::OnOK()函数,如下所示,项目的其他地方都不需要改变,就可以实现该例题的要求。

```
void CShuruyaoqiu::OnOK()
{
    _RecordsetPtr m_pRecordset;
    UpdateData(TRUE);
    ADO m_Ado;
    m_Ado.OnInitADOConn();
    _bstr_t vSQL;
    vSQL="select * from Question";
    m_pRecordset=m_Ado.GetRecordSet(vSQL);
    _variant_t vFieldValue;
    CString strContent,strName,strE,str;
    //EndDialog(0);
    UpdateData(TRUE);
    CShijuan2 S;
    while(VARIANT_FALSE==m_pRecordset->adoEOF)
    {
        vFieldValue=m_pRecordset->GetCollect("que_content");
        strContent=(char * )_bstr_t(vFieldValue);
        strE.Format("%s\r\n",strContent);
        str=str+strE;
        vFieldValue.Clear();
        m_pRecordset->MoveNext();
    }
    S.m_1=str;
    S.DoModal();
    UpdateData(FALSE);
    m_Ado.ExitConnect();
```

```
    //CDialog::OnOK();
}
```

运行后，单击"生成试卷"菜单项，然后单击弹出的对话框上的"生成试卷"按钮，结果如图 5-24 所示。数据表中只有 3 条记录，第一个习题只有几个数字，第二、三个习题输入时没有输入换行符，所以输出时也没有换行（另外，目前打印功能还不好用）。

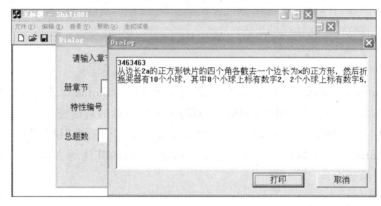

图 5-24　在"试卷上"显示多条信息

该系统进一步要做的工作还有很多，不过，关于显示试卷的功能，可以继续在例 5-8 的基础上进行修改，重点集中在 3 个地方，第一个是修改 SQL 语句 vSQL＝"select * from Question"，以便实现各种条件查询；第二个是修改或者增加类似于 vFieldValue＝m_pRecordset－> GetCollect("que_content")；这样的语句，实现各个字段的提取；第三个是使用语句 str＝str＋strE；等对试卷进行排版，包括增加题号、选择题输出等。

另外，还要实现打印的功能。

实际上，上面各种题的录入功能还很不完善，例如，数学公式录入以及数学题中的图形录入等都不能解决，这些工作都有待于进一步实现。

5.3　试卷的习题筛选

事实上，本章的系统最大的特点是关于习题的合理筛选，以及部分智能化，如输入反馈信息等，当积累到一定程度后，就可以更改某个题的某个标识，使其特性编码更加合理。

试题的特性编码是最重要的内容，本节首先讨论如何进行特性编码，然后用程序实现习题筛选。

5.3.1　特性编码

【例 5-9】　研究高中数学课程以及习题，结合学生的个体差异以及学习的规律等给出一种特性编码方案。

研究分析下面几个习题：

(1) 函数 $f(x)=\dfrac{(x+1)(x-a)}{x}$ 为奇函数,则 $a=$ _____。

(2) 已知函数 $f(x)=2010x^3+2011x$,若 $f(a)+f(b)=0$,则 $a+b=$ _____。

(3) 函数 $f(x)=x^5+ax^3+bx-8$,且 $f(2)=6$,求 $f(-2)$。

研究上面的 3 个习题,从知识内容上看,它们都属于奇偶函数部分;从一般教师和学生的普遍认识上看,从(1)到(3)难度逐渐增加。

从训练学生的角度看,第(1)题很容易想到是使用奇偶函数定义做,所以从是否容易入手给其一个特性参数 1;该题既可以使用 $-x$ 代入,也可以使用特殊值(例如 1 和 -1)代入,后者要简单得多,因为是填空题,完全可以这样做。所以从训练基本概念和基本知识角度定义其特性参数为 5;从训练做题技巧以及记忆做题技巧方面(具有一些普遍性,即特殊值法)定义其特性参数为 6。

关于是否想到使用奇偶函数做,第(2)题要稍难于第(1)题,所以从容易入手的角度,该题的特性参数为 3;从训练基本概念基本知识的角度,定义其特性参数为 3;从训练做题技巧方面,定义其参数为 1。

第(3)题的 3 个参数分别为:是否容易入手为 6;训练基本概念和基本知识的特性参数为 1;训练技巧性、提升能力方面参数为 7。

综合一下,如果就用 3 个参数表示(每个参数取值范围为 0~9),这 3 个题的参数分别为:

第 1 题:156

第 2 题:331

第 3 题:617

有了特性编码,就可以根据学生的特点、学生目前的学习状况以及学生学习数学存在的问题等,参考特性编码选择习题,生成试卷。

5.3.2 习题筛选

当教师了解了学生的各种情况后,输入习题的约束条件,系统就可以生成试卷。其中习题筛选是一项非常重要的工作。

【例 5-10】 设计一个实现习题筛选的方案。

(1) 参数在输入到数据库时,使用的是数值型数据。

(2) 在提取习题时,给出特性参数的范围,例如第一位从 1 到 2,第 3 为从 8 到 9 等;同时还要给出其他约束条件,例如题型、章节和难度等参数要求。

(3) 构造 SQL 查询语句,把各个参数要求都表示成查询语句中的条件。

(4) 在取出特性参数后,使用对 10、100、1000 等取余数的方法获得每个特性的参数。

(5) 比较各个记录,把满足条件的记录(习题)显示在试卷上。

(6) 把试卷转化为文件存储在机器中。

例 5-10 是对习题筛选的初步分析,习题筛选功能的具体实现留作习题。

习题

1. 把例 5-1 中函数 ADO∷OnInitADOConn（）中的语句 bstr_t strConnect＝"Provider＝SQLOLEDB；Server＝127.0.0.1；Database＝试题试卷管理系统；uid＝sa；pwd＝;";中的 IP 地址 127.0.0.1 修改为你所在的局域网中某个计算机的 IP 地址,然后在那个计算机上使用 SQL Server 建好例题中所述的数据库表,在自己的计算机上运行程序,看是否可以操作那个计算机上的数据库表。

2. 修改本章中的项目,使其能够录入带有公式的习题。

3. 修改本章中的项目,使其能够录入带有图形的习题。

4. 在例 5-8 的基础上实现打印试卷的功能。

5. 给出一种新的习题特性编码方案或者修改例 5-10 中的习题特性编码方案。

参 考 文 献

［1］ 于万波,等. 软件系统实现与分析. 北京：清华大学出版社,2011.

［2］ 求是科技,肖宏伟. Visual C++ 6.0 实效编程百例. 北京：人民邮电出版社,2002.

［3］ 赵晶,于万波,等. C/C++ 程序设计. 北京：北京交通大学出版社,清华大学出版社,2010.

［4］ 李言,李伟明,李贺,等. Visual C++ 项目开发全程实录. 北京：清华大学出版社,2008.

［5］ Gary B. , Shelly Thomas, J. Rosenblatt. 李芳,朱群雄,陈轶群,等译. 系统分析与设计教程. 北京：机械工业出版社,2004.